等职业教育
形态教材

鞋服材料

检测

李云龙　欧阳娜　主编

Testing of
Footwear and
Apparel Materials

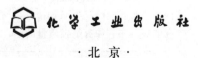

化学工业出版社

·北京·

内容简介

《鞋服材料检测》一书是根据鞋类材料检测和服装材料检测相关行业的变化和发展，为满足高等职业教育相关专业发展需要，校企合作共同开发的反映行业企业新标准、新技术、新工艺、新流程的活页式教材，为黎明职业大学"十四五"校企共建项目。

本书主要内容包括检测基础知识、鞋用皮革材料检测、鞋底材料检测、服装材料检测四个模块。主要介绍了鞋类材料、服装材料的检测原理、测试仪器、测试步骤、结果计算等知识。本书配套了微课视频资源，可通过扫描书中二维码观看。

本书可供高等职业教育院校高分子材料智能制造技术、鞋类设计与工艺、服装设计、纺织材料与应用等专业及相关专业使用，还可供从事鞋类材料检测、服装材料检测相关行业的技术人员参考。

图书在版编目（CIP）数据

鞋服材料检测 / 李云龙，欧阳娜主编. -- 北京：化学工业出版社，2025.5. --（高等职业教育新形态教材）. -- ISBN 978-7-122-47462-9

Ⅰ. TS941.15；TS943.4

中国国家版本馆 CIP 数据核字第 2025HX1900 号

责任编辑：卢萌萌　陆雄鹰　刘兴春　　文字编辑：王云霞
责任校对：赵懿桐　　　　　　　　　　装帧设计：史利平

出版发行：化学工业出版社
　　　　　（北京市东城区青年湖南街 13 号　邮政编码 100011）
印　　装：北京天宇星印刷厂
787mm×1092mm　1/16　印张 11¼　　字数 272 千字
2025 年 9 月北京第 1 版第 1 次印刷

购书咨询：010-64518888　　　　售后服务：010-64518899
网　　址：http://www.cip.com.cn
凡购买本书，如有缺损质量问题，本社销售中心负责调换。

定　　价：49.00 元　　　　　　　版权所有　违者必究

《鞋服材料检测》
编写人员

主　　编：李云龙　　欧阳娜

副 主 编：林少芬　　詹迎旭　　胡　苹

编写人员：李云龙（黎明职业大学）

　　　　　欧阳娜（黎明职业大学）

　　　　　林少芬（黎明职业大学）

　　　　　詹迎旭（黎明职业大学）

　　　　　胡　苹（黎明职业大学）

　　　　　王增喜（广东职业技术学院）

　　　　　吴奇宗（泉州市鑫泰鞋材有限公司）

　　　　　何俊华（广州必维技术检测有限公司泉州分公司）

前言

"鞋服材料检测"是高分子材料智能制造技术、鞋类设计与工艺、服装设计、纺织材料与应用等相关专业的专业技术课程。本书以鞋服行业的国家标准、行业标准为依据，参考部分国际及国外标准，对鞋用皮革材料检测、鞋底材料检测、服装材料检测等方面的内容进行了比较全面的介绍，针对鞋服行业绿色发展和环境保护的要求，还分别编写了鞋用皮革有毒有害物质检测、服装材料生态指标检测两部分内容，编写过程注重对学生的思政引领，注重培养学生的职业素养、职业道德，反映了行业企业新标准、新技术、新工艺、新流程。本书内容涵盖了检测基础知识、鞋用皮革材料检测、鞋底材料检测、服装材料检测四个模块。主要介绍了鞋类材料、服装材料的检测原理、测试仪器、测试步骤、结果计算等知识。配套建设有 PPT、微课、操作视频等资源，可通过扫描书中二维码观看。

本书由黎明职业大学李云龙、欧阳娜任主编。黎明职业大学李云龙编写模块三项目二硫化橡胶鞋底性能检测任务五至任务八；黎明职业大学欧阳娜编写模块三项目一微孔鞋底材料检测，模块三项目二硫化橡胶鞋底性能检测任务一至任务四；黎明职业大学林少芬编写模块一检测基础知识，模块四项目一服装材料原材料检测，模块四项目三服装材料色牢度检测任务一、任务二；黎明职业大学詹迎旭编写模块二项目一鞋用皮革的检测，模块四项目三服装材料色牢度检测任务三、任务四、任务五；黎明职业大学胡苹编写模块二项目二鞋用皮革有毒有害物质检测，模块四项目四服装材料生态指标检测；广东职业技术学院王增喜编写模块四项目二服装材料耐用性能检测。全书由欧阳娜统稿。

本书编写过程中，得到了泉州市鑫泰鞋材有限公司吴奇宗、广州必维技术检测有限公司泉州分公司何俊华以及各兄弟院校和化学工业出版社的大力支持，在此表示诚挚的谢意。

由于编者水平及时间有限，书中不足、纰漏之处在所难免，恳请广大读者批评指正。

编者
2025 年 5 月

目 录

模块一

检测基础知识

 学习目标

知识目标

1. 了解标准的定义、标准分类与分级以及鞋服材料检测标准。
2. 掌握抽样理论及抽样方法。
3. 掌握鞋服材料试样状态的调节方法。
4. 了解误差、准确度与精密度的概念。
5. 掌握有效数字的运算规则。

能力目标

1. 会根据检测项目要求检索相关测试标准。
2. 会制定抽样检验方案。
3. 能根据测试标准对测试试样进行状态调节。
4. 会对测试结果进行判断及取舍。

素质目标

1. 树立"精益求精、敬畏诚信"的职业道德。
2. 培养"有责任、有担当、爱岗敬业"的工匠精神。

任务一 认识鞋服材料检测标准

一、标准的定义

国际电工委员会/国际标准化组织（IEC/ISO）把标准定义为：在一定范围内获得最佳

秩序，对活动或其结果规定共同的和重复使用的规则、导则或特性文件。该文件经协商一致制定并经一个公认机构的批准。标准应以科学、技术和经验的综合成果为基础，并以促进最大社会效益为目的。

我国把标准定义为：通过标准化活动，按照规定的程序经协商一致制定，为各种活动或其结果提供规则、指南或特性，供共同使用和重复使用的一种文件。

二、标准分类与分级

1. 标准分类

标准可以分为技术标准、管理标准、工作标准三大类。技术标准是主体，是生产技术工作的基础。管理标准和工作标准是实现技术标准的保证。

技术标准是指对标准化领域中需要协调统一的技术事项所制定的标准，主要包括基础标准、产品标准、方法标准，以及安全、卫生与环境保护标准。

管理标准是对标准化领域中需要协调统一的管理事项所制定的标准，主要是指管理的规则、规章、程序、方法等，大体可划分为经济管理标准、生产组织标准、技术管理标准、行政管理标准、管理业务标准。

工作标准是对标准化领域中需要协调统一的工作事项所作的规定，主要包括工作人员的岗位职责、工作方法、工作质量等方面的标准。

2. 标准分级

根据协调统一的范围及运用范围不同，标准可以划分为不同的级别。

（1）国际标准

国际标准分为国际标准和区域标准。国际标准是由国际标准化机构/标准组织通过并公开发布的标准。区域标准是由区域标准化机构/标准组织通过并公开发布的标准。

（2）国内标准

我国国内标准分为国家标准、行业标准、地方标准和团体标准、企业标准。

国家标准是指由国务院标准化行政主管部门制定的，在全国范围内统一的技术要求。例如对基本原料、燃料、材料的技术要求，保障人体健康和人身、财产安全的技术要求等。国家标准由国务院标准化行政主管部门编制计划，组织草拟，统一审批、编号、发布。国家标准的编号由国家标准代号、标准发布顺序号和标准发布年代号组成。如下所示：

$$\underset{①}{\underline{GB}}\ \underset{②}{\underline{\times\times\times\times}}-\underset{③}{\underline{\times\times\times\times}}$$

①强制性国家标准代号　②标准发布顺序号　③标准发布年代号

$$\underset{①}{\underline{GB/T}}\ \underset{②}{\underline{\times\times\times\times}}-\underset{③}{\underline{\times\times\times\times}}$$

①推荐性国家标准代号　②标准发布顺序号　③标准发布年代号

行业标准是对没有国家标准而又需要在全国某个行业范围内统一的技术要求而制定的。行业标准由国务院有关行政主管部门编制计划，组织草拟，统一审批、编号、发布，呈报国务院标准化行政主管部门备案。行业标准的编号由行业标准代号、标准发布顺序号及标准发布年代号组成。例如，纺织行业标准如下所示：

$$\underset{①}{\underline{FZ}}\ \underset{②}{\underline{\times\times\times\times}}-\underset{③}{\underline{\times\times\times\times}}$$

①强制性纺织行业标准代号　②标准发布顺序号　③标准发布年代号

$$\underset{①}{\underline{FZ/T}}\ \underset{②}{\underline{\times\times\times\times}}-\underset{③}{\underline{\times\times\times\times}}$$

①推荐性纺织行业标准代号　②标准发布顺序号　③标准发布年代号

地方标准是对没有国家标准和行业标准而又需要在省、自治区、直辖市范围内统一的工业产品的安全、卫生要求而制定的。地方标准由省、自治区、直辖市人民政府标准化行政主管部门编制计划，组织草拟，统一审批、编号、发布，并报国务院标准化行政主管部门和国务院有关行政主管部门备案。地方标准的编号由地方标准代号、标准发布顺序号及标准发布年代号组成。其中，地方标准代号由"DB"加上省、自治区、直辖市行政区划代码的前面两位数字组成。地方标准的编号如下所示：

$$\underset{①}{\underline{DB}}\ \underset{②}{\underline{\times\times\times\times}}-\underset{③}{\underline{\times\times\times\times}}$$

①强制性地方标准代号　②标准发布顺序号　③标准发布年代号

$$\underset{①}{\underline{DB/T}}\ \underset{②}{\underline{\times\times\times\times}}-\underset{③}{\underline{\times\times\times\times}}$$

①推荐性地方标准代号　②标准发布顺序号　③标准发布年代号

团体标准是指由依法成立的社会团体为满足市场和创新需要，协调相关市场主体共同制定的标准。这些标准由团体按照自己确立的制定程序自主制定、发布，并由社会自愿采用。团体标准的制定主体包括具有法人资格，并具备相应专业技术能力、标准化工作能力和组织管理能力的学会、协会、商会、联合会和产业技术联盟等社会团体。这些团体可以通过全国团体标准信息平台公开其基本信息及标准制定程序，接受社会公众的意见和评议。团体标准的编号如下所示：

$$\underset{①}{\underline{T/}}\underset{②}{\underline{\times\times\times\times}}\ \underset{③}{\underline{\times\times\times\times}}-\underset{④}{\underline{\times\times\times\times}}$$

①团体标准代号　②社会团体代号　③团体标准发布顺序号　④标准发布年代号

企业标准是指当企业生产的产品没有国家标准、行业标准和地方标准时，因此需制定相应的企业标准，作为组织生产的依据。企业标准由企业组织制定（农业企业标准制定除外），并按省、自治区、直辖市人民政府的规定备案。企业标准代号为"Q"。企业标准的编号如下所示：

$$\underset{①}{\underline{Q/}}\underset{②}{\underline{\times\times\times\times}}\ \underset{③}{\underline{\times\times\times\times}}-\underset{④}{\underline{\times\times\times\times}}$$

①企业标准代号　②×××企业代号　③标准发布顺序号　④标准发布年代号

三、鞋类检测标准介绍

我国基本建成了一套由国家标准、行业标准、地方标准和团体标准、企业标准组成的标准体系或标准框架体系，目前鞋类标准主要集中在国家标准和行业标准中。依据标准类型进行划分，鞋类标准可以分为基础标准、产品标准和方法标准三大类。与鞋材检测有关的主要是产品标准和方法标准。近年来，鞋类产品中有害化学物质残留的情况受到越来越广泛的关注，我国也出现过因鞋类产品中有害化学物质超标而遭到产品退回、禁止进口等后果和处罚情况，使我国鞋类企业承受了巨大的经济损失。因此近年来相关部门也相继制定了相应的鞋类产品有害化学物质检测方法标准，并在产品标准中增加了相应的限量指标。

1. 产品标准

鞋类整鞋产品可划分为日常穿用类、功能类、儿童婴幼儿类和其他类。截至 2022 年，我国现行鞋类整鞋产品标准共七十余项。就产品类型而言，在功能类鞋产品中又可划分为康复、职业、专业运动及其他类。例如：《糖尿病足保护鞋》（QB/T 5300—2018），该标准规定了糖尿病足保护鞋的术语和定义、分类、要求、试验方法、检验规则和标志、包装、运输、贮存；《中小学生校园鞋》（QB/T 5301—2018），该标准规定了中小学生校园鞋的要求、试验方法、检验规则及标志、包装、运输、贮存。

2. 方法标准

我国在发展和提高制鞋工业技术的同时，也对鞋类质量检验技术开展了大量研究，制定了一系列包括鞋类整鞋、鞋类部件及原辅材料、鞋类附件在内的鞋类质量检验方法标准。按检验层次将鞋类检验方法标准分为基础方法标准、通用方法标准和专用方法标准三大类。其中基础方法标准包括检验规则、抽样、取样和环境调节等；通用方法标准包括感官、物理力学性能、物理安全性、耐候性、舒适性、色牢度和色迁移、材质鉴别、化学性能及有毒有害化学物质残留等；专用方法标准包括微生物、特种防护性能、生物力学性能、儿童鞋特殊性能和其他特殊性能。

3. 鞋类材料有毒有害物质检测标准

在近十几年的鞋类标准发展过程中，已经制定出了一部分鞋类有害化学物质检测的方法标准，并在一些产品标准中对部分有害化学物质指标进行了规定，如在皮鞋、皮凉鞋、轻便胶鞋等标准中。童鞋的安全性也越来越受到重视，儿童鞋类标准也陆续发布实施，2014 年发布的《儿童鞋安全技术规范》（GB 30585—2014）❶ 对儿童鞋类的安全性给出了最严格的规定，但对于测试项目和方法还有继续补充的空间。目前，有害化学物质指标主要集中在甲醛、可分解有害芳香胺染料等常规检测项目。近年来相关部门和机构也制定了一些新的有毒有害物质检测标准，例如《鞋类　鞋类和鞋类部件中存在的限量物质　苯酚的测定》（GB/T 39113—2020），《鞋类　化学试验方法　甲酰胺的测定》（GB/T 34842—2017）。

四、服装检测标准介绍

检测标准化已经成为应对国际竞争、规范市场秩序和保护消费者利益的重要措施。一般服装产品的常规检测项目主要涉及原材料检测、物理性能检测、功能性检测、化学安全性能检测等。其中，原材料检测主要检测服装的原料品种及各种纤维含量；物理性能检测主要检测拉伸断裂强力、撕破强力、起毛起球、水洗尺寸稳定性、耐磨、色牢度等；功能性检测主要进行防紫外线、抗静电、阻燃性能、吸水性、扩散性、负离子、远红外等检测；化学性能检测主要进行甲醛含量、pH 值、可分解致癌芳香胺染料、游离重金属、有机挥发物、异味、羽绒制品耗氧量及有害微生物细菌等的检测。

1. 原材料检测

原材料的性能关系到服装面料的特性，对服装材料的服用性能有着较大的影响。目前纤维鉴别试验检测标准主要有《纺织纤维鉴别试验方法　第 1 部分：通用说明》(FZ/T 01057.1—

---

❶ 《儿童鞋安全技术规范》（GB 30585—2014）已于 2024 年更新发布《童鞋安全技术规范》（GB 30585—2024），并于 2025 年 6 月 1 日实施。

2007）等十项检测标准。而纤维定量分析检测标准主要有《纺织品　纤维定量分析　近红外光谱法》（FZ/T 01144—2018）等六项检测标准。

2. 物理性能检测

服装产品物理性能主要包括拉伸断裂强力、撕破强力、起毛起球、耐磨、色牢度等。强力测试主要包括织物断裂强力、撕破强力、接缝强力、顶破强力及胀破强力等。目前，面料所有的强力测试都要求在标准大气压下调湿后进行。如《纺织品　织物拉伸性能　第1部分：断裂强力和断裂伸长率的测定（条样法）》（GB/T 3923.1—2013）。纺织品起毛起球的影响因素众多，且不同材料的起毛起球机制并不相同。现行的起毛起球测定方法有《纺织品　织物起毛起球性能的测定　第1部分：圆轨迹法》（GB/T 4802.1—2008）等四项标准。服装产品色牢度测试种类繁多，是服装产品检测的重要指标，也是衡量服装品质的重点指标。如《纺织品　色牢度试验　耐摩擦色牢度》（GB/T 3920—2008）等。

3. 功能性检测

服装产品功能性检测是针对服装的特定用途和性能进行的检测，以确保其满足设计要求和使用需求。主要包括防紫外线、抗静电、阻燃性能、吸水性、扩散性、负离子、远红外等。在实际应用中，需要根据具体的服装类型和检测需求选择合适的检测项目和标准。例如防晒衣的防晒效果可按照《纺织品　防紫外线性能的评定》（GB/T 18830—2009）来检测面料对紫外线的阻挡能力，以评估其防晒效果是否满足要求；对于需要防静电的服装，如电子厂工作服、医疗手术服等，可按照《防护服装　防静电服》（GB 12014—2019）进行防静电性能测试，确保其在使用过程中不会因静电而产生危险。

4. 化学安全性能检测

化学安全性能指标主要包括甲醛含量、pH值、可分解致癌芳香胺染料、游离重金属、有机挥发物、异味、羽绒制品耗氧量及有害微生物细菌等，随着我国服装业的国际化程度越来越高，近年来人们对化学安全性能检测的重视程度逐渐提高。例如：甲醛含量的测定有《纺织品　甲醛的测定　第1部分：游离和水解的甲醛（水萃取法）》（GB/T 2912.1—2009）等三种方法；纺织品pH值测定有《纺织品　水萃取液pH值的测定》（GB/T 7573—2009）等方法。

任务二　学习抽样方法和质量检验

一、抽样的定义

抽样是从欲研究的全部样品中抽取一部分样品单位，又称为取样。抽样的基本要求是要保证所抽取的样品单位对全部样品具有充分的代表性。抽样的目的是从被抽取样品单位的分析、研究结果来估计和推断全部样品特性，是科学实验、质量检验、社会调查等普遍采用的一种经济有效的工作和研究方法。抽样时，要按照规定的方法和一定的比例，在需检验的产品的不同部位抽取一定数量的、能代表全批货物质量的样品供检验之用。

二、抽样方法

1. 纯随机抽样

纯随机抽样是按随机性原则，从总体中抽取部分作为样本进行调查，以其结果推断总体有关指标的一种抽样方法，又称为简单随机取样。

在抽样时，如果总体中每一个个体被抽选的机会均等，且每一个被选中的个体与其他个体间无任何牵连，那么，这种既满足随机性，又满足独立性的抽样，就叫作随机抽样。从理论上讲，纯随机抽样最符合抽样的随机原则，是抽样的基本形式。但在实际上有很大的偶然性，纯随机抽样的代表性不如经过分组再抽样的代表性强。

2. 系统抽样

系统抽样是纯随机抽样的变种，又称为等距抽样。系统抽样是先把总体按一定标志排队，然后根据样本含量大小，规定抽样间隔，按相等的距离抽取样本。系统抽样可使所抽取样品具有较好的代表性。但是如果产品质量出现有规律的波动，并与系统抽样重合，则会产生系统误差。因此，系统抽样要防止周期性偏差。

3. 代表性抽样

代表性抽样是运用统计分类法，把总体划分成若干个代表性类型组，然后在组内用纯随机抽样或系统抽样，分别从各组中取样，再把各部分子样合并成一个子样。

4. 阶段性随机抽样

阶段性随机抽样是从总体中取出一部分子样，再从这部分子样中抽取试样。从一批产品中取得试样可分为三个阶段：批样、样品和试样。批样是指从待检验的整批产品中按纯随机抽样取得一定数量的包数（箱数）。样品是指从批样中用适当的方法抽取一定数量组成实验室用的样品。试样是指从实验室样品中，按一定的方法取得试验用的一定数量的样品。

三、《计数抽样检验程序 第 1 部分：按接收质量限（AQL）检索的逐批检验抽样计划》（GB/T 2828.1—2012）

1. 标准的适用范围

标准指定的抽样计划可用于（但不限于）最终产品、零部件和原材料、操作、在制品、库存品、维修操作、数据或记录、管理程序等。指定的抽样计划主要用于连续系列批，也可用于孤立批，但建议使用抽样方案的操作特性曲线。

2. 试样的抽取

标准要求按照简单随机抽样法从批中抽取样本。当批由子批或（按某个合理的准则识别的）层组成时，应使用按比例配置的分层抽样，在此情形下，各子批或各层的样本量与其大小成比例。样本可以在批生产出来以后或批生产期间抽取。当两次或多次抽样时，每个后继的样本应在同一批剩余部分中抽取。

3. 正常、加严和放宽检验

标准提供了三套严格程度不同的抽样方案表供选择。开始检验或历史资料不全时，一般选择正常检验方案。正常检验方案着重保护生产方，其绝大多数方案的生产方风险都在0.05 以下。当正常检验结果表明连续批质量不稳定时，则转到加严检验，着重保护消费方。当正常检验表明生产过程稳定，质量足够好时，则可转到放宽检验，以减少检验成本。标准规定了三套方案之间的转移规则。当正在采用正常检验时，只要初次检验中连续 5 批或少于5 批中有 2 批不接收，则转移到加严检验。当正在采用加严检验时，如果初次检验的接连 5批接收，应恢复正常检验。当正在采用正常检验时，如果满足当前的转移得分至少是 30 分、生产稳定、负责部门同意使用放宽检验三个条件，应转移到放宽检验。

4. 检验水平

检验水平对应着检验量。标准给出了Ⅰ、Ⅱ、Ⅲ三个检验水平。除非另有规定，应使用水平Ⅱ。当要求鉴别力较低时可使用水平Ⅰ，当要求鉴别力较高时可使用水平Ⅲ。标准还给出了四个特殊检验水平：S-1、S-2、S-3、S-4。特殊检验水平可用于样本量相对较小，而又能容许较大抽样风险的情况。将检验水平按照鉴别能力的高低排序，依次为Ⅲ、Ⅱ、Ⅰ、S-4、S-3、S-2、S-1。应用标准规定的转移规则确定正常、加严和放宽检验。

5. 样本量字码

标准给出了"样本量字码表"，样本量由样本量字码确定。字码又是在下一步抽样表中选择抽样方案的依据。以英文字母的前后顺序排列，字母愈往后，抽样方案的样本大小和合格判定数愈大，其判别力愈强。

任务三　准备试样和测试环境

一、试样准备

试样是从抽样获得的样本中按照规定方法制备的供测试使用的样品。制备试样时，要保证试样的均匀性、代表性和保持原样属性。对于材料来说，试样选取是否有代表性，关系到检测结果的准确程度。下面分别介绍鞋类材料试样的准备和服装材料试样的准备。

1. 鞋类材料试样的准备

为了保证测试的准确性和试样的代表性，供检验的试样应符合以下几个要求：一是外表应完整，不应有缺陷，符合鞋类检验的相关标准；二是做物理性能检验的试样，在试验前一般要在规定的标准大气中进行空气调节；三是除皮革收缩温度外，其余供物理性能测试的试样都应在规定的标准空气中进行测试。若条件不够，则试样应在离开标准空气后10min内完成或开始检验工作，试样应从标准空气中逐一取出并逐一测试。

2. 服装材料试样的准备

为了在有限的试样上获取尽可能多的信息，服装材料试样剪取通常采用梯形法，即经向和纬向的各试样均不含有相同的经纬纱线，或至少保证其试验方向不得含有相同的经纬纱线。在试验要求不太高的情况下，可采用平行排列法，保证试验方向不含相同的经纬纱线，而另一方向可以相同。需要注意的是，当试样横向为试验方向时，不能采用竖向的平行排列法。当试样沾有油污或黏附加工过程中的表面活性剂、浆料等物质，影响试样的调湿或特性测试结果时，必须采用适当的方法除去这些黏附物。

二、测试环境

纺织材料大多具有一定的吸湿性，其吸湿量的大小主要取决于纤维的内部结构，如亲水性基团的极性与数量、无定形区的比例、孔洞缝隙的多少等，同时大气条件（温度、相对湿度、大气压力）对吸湿量也有一定影响。即使纤维的品种相同，但大气条件的波动引起吸湿量的增减也会使纤维的物理力学性能产生变化，如强力、伸长、刚度、电学性质、表面摩擦性等。为了使纺织材料测得的性能具有可比性，必须统一规定测试时的大气条件，即标准大气条件。

国际标准中规定的标准大气条件为：温度（T）为 20℃（热带为 27℃），相对湿度为 65％，大气压力为 86～106kPa（视各国地理环境而定）。

我国国家标准中规定的标准大气条件为：大气压力为 1 个标准大气压（1atm），即 101.3kPa。温度、湿度及其波动范围分别是：

一级标准：温度（20±2）℃［热带（27±2）℃］，相对湿度（65±2）％；

二级标准：温度（20±2）℃［热带（27±2）℃］，相对湿度（65±3）％；

三级标准：温度（20±2）℃［热带（27±2）℃］，相对湿度（65±5）％。

除特殊情况外（如湿态试验），纺织材料物理力学性能的测试采用试验用温带标准大气条件。在热带或亚热带地区，可采用试验用热带标准大气条件。

仲裁性试验采用一级标准大气条件。常规检验则根据纺织材料种类和测试要求选用二级标准大气条件或三级标准大气条件。

三、试样的调湿

纺织材料在空气中会不断地进行吸湿和放湿，放置一定时间后会达到平衡状态，此时的回潮率称为平衡回潮率。平衡回潮率会随着大气条件的变化而发生改变。平衡回潮率的改变又会影响纺织材料的物理力学性能。因此，在测试之前试样必须在标准大气下放置一定时间，使试样的回潮率与标准大气达到平衡，这个过程称为调湿处理。

调湿时，应使空气能畅通地流过试样，直至平衡状态。一般纺织材料调湿 24h 以上即可，合成纤维调湿 4h 以上即可。调湿过程不能间断，若因故间断必须重新按规定调湿。

四、试样的预调湿

在相同条件下，纺织材料由吸湿达到的平衡回潮率往往小于由放湿达到的平衡回潮率，这种因吸湿滞后现象带来的平衡回潮率误差，会影响纺织材料性能的测试结果，因此规定纺织材料的调湿平衡为吸湿平衡。当试样比较潮湿时，即实际回潮率接近或高于标准大气的平衡回潮率，为了确保试样能在吸湿状态下达到调湿平衡，需要进行预调湿。预调湿是将试样放置于相对湿度为 10％～25％、温度不超过 50℃的大气下进行预烘处理。一般预调湿 4h 可达到要求。

任务四　学习处理测试数据

一、误差

测试过程中由于主、客观条件的限制，测定的结果不可能和真实值完全一致。用同一方法和同一仪器，对同一样品进行多次测试，其结果也不会完全一样，这说明在测试过程中存在难以避免的误差。

误差有两种表达方式，分别是绝对误差 E 和相对误差 E_r。

绝对误差是测量值与真值之间的差值，用 E 表示，见式（1-1）。

$$E = x_i - x_t \tag{1-1}$$

式中　　E——绝对误差；

　　　　x_i——测量值；

　　　　x_t——真值。

相对误差是指绝对误差占真值的百分比，用 E_r 表示，见式（1-2）。

$$E_r = \frac{x_i - x_t}{x_t} \times 100\% \tag{1-2}$$

式中　　E_r——相对误差；

　　　　x_i——测量值；

　　　　x_t——真值。

根据误差的来源和性质不同，可以分为系统误差和随机误差。

系统误差是由某些固定的原因造成的，具有重复性、单向性，大小可测出并可校正，又称为可测误差。根据系统误差产生的原因，可以分为以下几类。

① 方法误差。由分析方法本身造成的误差。例如，反应不能定量完成、有副反应发生、滴定终点与化学计量点不一致等。

② 仪器误差。由仪器本身不够准确造成的误差。例如，天平砝码质量不准确、滴定管刻度不准确等。

③ 试剂误差。由试剂不纯和蒸馏水中含有微量杂质所引起的误差。

④ 操作误差。由分析工作者操作不够正确所引起的误差。例如，滴定管读数总是偏高或偏低。

随机误差是由某些难以控制且无法避免的偶然因素造成的，又称为偶然误差。例如，测定过程中环境的温度、湿度和气压的微小变化所带来的误差。随机误差的大小和正负都不是固定的，因此无法测量，也不能加以校正，又称为不可测误差。但在消除系统误差后，当测定次数足够多时，从整体上看是服从统计分布规律的，可以用数理统计的方法来处理。

二、准确度与精密度

误差可以用准确度和精密度来表征。

1. 准确度与误差

准确度是指测定结果与真值之间的接近程度。准确度的高低用误差的大小来衡量。误差越小，表示测定结果与真值越接近，准确度越高；反之，误差越大，准确度越低。

误差有两种表达方式，分别是绝对误差和相对误差。当绝对误差相等时，相对误差不一定相等。例如，假设被称量物质的质量分别为 1g 和 0.1g，称量的绝对误差都是 0.0001g，但是二者的相对误差不同。一般而言，用相对误差表示或比较各种情况下测定结果的准确度比较合理。

2. 精密度与偏差

精密度是指几次平行测定结果之间相互接近的程度，表达了测定结果的重复性和再现性，用偏差表示。偏差越小，精密度越高。

（1）偏差

绝对偏差是单次测定值与平均值之差，用 d 表示，见式（1-3）。

$$d = x_i - \bar{x} \tag{1-3}$$

式中　d——绝对偏差；

　　　x_i——测量值；

　　　$\bar{x}$——平均值。

相对偏差是指绝对偏差在平均值中所占的百分数，用 d_r 表示，见式（1-4）。

$$d_r = \frac{x_i - \bar{x}}{\bar{x}} \times 100\% \tag{1-4}$$

式中　d_r——相对偏差；

　　　x_i——测量值；

　　　$\bar{x}$——平均值。

（2）平均偏差

平均偏差是各次测定偏差的绝对值的平均值，用 $\bar{d}$ 表示，见式（1-5）。

$$\bar{d} = \frac{\sum\limits_{i=1}^{n} |x_i - \bar{x}|}{n} \tag{1-5}$$

式中　$\bar{d}$——平均偏差；

　　　x_i——测量值；

　　　$\bar{x}$——平均值；

　　　n——测定次数。

相对平均偏差是指平均偏差在平均值中所占的百分数，用 $\bar{d}_r$ 表示，见式（1-6）。

$$\bar{d}_r = \frac{\bar{d}}{\bar{x}} \times 100\% \tag{1-6}$$

式中　$\bar{d}_r$——相对平均偏差；

　　　$\bar{d}$——平均偏差；

　　　$\bar{x}$——平均值。

（3）标准偏差

当用统计学方法处理测量数据时，常用标准偏差和相对标准偏差来表示测定结果的精密度。

在实际测定中，测定次数有限，用样本标准偏差 s 来衡量测定结果的分散程度，见式（1-7）。

$$s = \sqrt{\frac{\sum\limits_{i=1}^{n} (x_i - \bar{x})^2}{n-1}} \tag{1-7}$$

式中　s——样本标准偏差；

　　　x_i——测量值；

　　　$\bar{x}$——平均值；

　　　n——测定次数。

相对标准偏差是指标准偏差在平均值中所占的百分数，用 RSD 表示，见式（1-8）。

$$RSD = \frac{s}{\bar{x}} \times 100\% \qquad\qquad (1\text{-}8)$$

式中　RSD——相对标准偏差；

s——样本标准偏差；

$\bar{x}$——平均值。

3. 准确度与精密度的关系

① 精密度高，准确度不一定高。

② 准确度高，精密度一定高。

③ 精密度是保证准确度的先决条件，精密度高的分析结果才有可能获得高准确度。

三、有效数字

有效数字是指在测定过程中实际能测到的数字。

1. 有效数字的位数

① 数据中的"0"，当"0"位于第一个非零数字之前时，这些"0"仅起定位作用，不是有效数字；当"0"在两个非零数字之间时，是有效数字；当数值以"0"结尾，且数值包含小数点时，末尾的"0"是有效数字；当数值以"0"结尾，并且该数值是整数时，末尾的"0"是否为有效数字取决于测量的准确度或是否指明精密度。

1.0008，2.4500	五位有效数字
0.6000，32.05%	四位有效数字
0.0940，1.96	三位有效数字
0.0014，0.20%	两位有效数字
0.7，0.006%	一位有效数字

② 对数的有效数字只计小数点后的数字，即有效数字的位数与真数位数一致。

③ 常数的有效数字可取无限多位。

④ 乘除法运算中，当首位数字等于或大于 8 时，其有效数字位数可多计一位。

⑤ 在计算过程中，可暂时多保留一位有效数字。

2. 有效数字的修约规则

在整理数据和运算过程中，按照一定的规则舍弃多余数字的过程称为数字修约。数字的修约采用"四舍六入五成双"规则，具体而言：

① 四舍六入五考虑；

② 五后非零则进一；

③ 五后皆零看奇偶；

④ 五前为奇则进一；

⑤ 五前为偶则舍弃。

数字修约时，只允许一次修约到所要求的位数，不允许进行多次修约。

3. 有效数字的运算规则

① 加减法：几个数据相加减时，结果的有效数字的位数以小数点后位数最少的数据为准，即取决于绝对误差最大的数据。

② 乘除法：几个数据相乘除时，结果的有效数字的位数以有效数字位数最少的数据为

准，即取决于相对误差最大的数据。

四、可疑数据的取舍

在一组平行测定的数据中，有时会有个别数据与其他数据相差较大，这一数据就称为可疑值。若可疑值由过失造成，则该数据必须舍弃，否则不能随意舍弃或保留。此时需要通过统计检验的方法决定该可疑值的弃留。

1. Q 检验法

Q 检验法适用于测定次数为 $3\sim10$ 次，且只有一个可疑数据。具体步骤如下：

① 将各数据从小到大排列，即 x_1，x_2，x_3，$\cdots$，x_n，其中 x_1 或 x_n 为可疑值。

② 计算数据的极差 x_n-x_1。

③ 计算可疑值与其相邻值之差 x_n-x_{n-1} 或 x_2-x_1。

④ 计算 $Q_{计}$，$Q_{计}=\dfrac{x_2-x_1}{x_n-x_1}$ 或 $Q_{计}=\dfrac{x_n-x_{n-1}}{x_n-x_1}$。

⑤ 根据测定次数 n 和置信度 P，由 Q 值表查得 $Q_{表}$。

⑥ 比较 $Q_{计}$ 与 $Q_{表}$，若 $Q_{计}>Q_{表}$，则舍弃该可疑值；若 $Q_{计}\leqslant Q_{表}$，则保留该可疑值。

2. **格鲁布斯法（Grubbs法）**

格鲁布斯法在判断可疑值的过程中，引入了正态分布中的平均值 $\bar{x}$ 和标准偏差 s，准确性较好。具体步骤如下：

① 将各数据从小到大排列，即 x_1，x_2，x_3，$\cdots$，x_n，其中 x_1 或 x_n 为可疑值。

② 计算平均值 $\bar{x}$ 和标准偏差 s。

③ 计算 $T_{计}$，$T_{计}=\dfrac{\bar{x}-x_1}{s}$ 或 $T_{计}=\dfrac{x_n-\bar{x}}{s}$。

④ 根据测定次数 n 和置信度 P，由 T 值表查得 $T_{表}$。

⑤ 比较 $Q_{计}$ 与 $Q_{表}$，若 $T_{计}>T_{表}$，则舍弃该可疑值；若 $T_{计}\leqslant T_{表}$，则保留该可疑值。

模块二

鞋用皮革材料检测

项目一 鞋用皮革的检测

 学习目标

知识目标

1. 了解鞋用皮革性能检测的相关指标。

2. 了解鞋用皮革材质鉴定以及厚度、密度、伸长率、抗张强度、耐折牢度、耐磨性能等测试项目所使用仪器的基本结构。

3. 掌握皮革材质鉴定以及厚度、密度、伸长率、抗张强度、耐折牢度、耐磨性能等测试项目的测试原理、测试步骤。

4. 理解鞋用皮革材质性能测试结果的影响因素。

能力目标

1. 会根据相关检测国家标准合理制定检测方案。

2. 会操作光学显微镜、厚度仪、万能拉力机、耐折牢度测定仪等检测设备。

3. 会填写测试报告，并对测试结果进行正确判断。

素质目标

1. 厚植爱国主义，坚定文化自信，提升专业自信。

2. 树立强国意识、创新意识、法律意识。

皮革是经脱毛和鞣制等物理、化学加工所得到的具有一定柔韧性及透气性，且已经变性不易腐烂的动物皮。由于皮革用于鞋材制作中具有手感良好、平整细腻、染色性较佳、柔韧性好等优点，因此常被用于制鞋工业中。

革制品质量的好坏绝大部分取决于所用原材料——皮革质量的好坏。评定皮革的质量是通过观感检验、穿用试验、显微结构检验和理化分析检验来综合进行的。

鞋用皮革材质的检验方法有感官检验和物理力学性能检验。观感检验又称为感官检查，即通常所说的"手摸眼看"，靠人的感觉器官，凭借经验从外观和手感对革的质量进行评定。它的优点是检验方法简单，操作迅速，但是具有一定的主观性。

穿用试验是将革制成成品，通过实际穿着使用，在革制品的制造和使用过程中，从革的变化情况来确定制品的适用性和坚固性，这是直接证明革的质量的最可靠的方法，具有一定的实际意义。不过这种方法的缺点是所需的时间长，影响因素复杂，物资耗费大，不能满足及时鉴定原材料、指导生产的要求，所以不能经常采用。

显微结构检验是将被检验的革用切片机切成薄片，在显微镜下观察其组织结构，对革的质量做出有价值的鉴定。根据纤维束排列的规则性、纤维组织的明晰度，说明生产过程进行是否正常和原料皮及成品革的特征，从纤维束的交织角、弯曲度、紧密性等可以确定革的物理性能。

显微结构检验的方法及使用的设备（光学显微镜、电子显微镜）较为复杂和昂贵，观察的结果直观、一目了然，主要用于科研工作之中。

理化分析检验是通过定量分析方法确定皮革的内在质量，包括物理力学性能的检验（简称"物检"）和化学组分的分析，通过检测皮革的抗张强度、单位负荷伸长率、撕裂强度、崩裂强度、耐折强度、三氧化二铬含量、二氯甲烷萃取物、pH 值等，表现革的内在质量和可加工性、革的透气性和透水性、涂饰层的耐摩擦性以及耐折性等，从而表征革的实用性能。

综上，皮革的检测要根据具体情况选择合适的检测方法，有时为了更准确地检测，常常将几种方法综合起来进行测试分析。

任务一　皮革材质的鉴定

一、基础知识

用于鞋材制作的皮革种类繁多，包括羊皮革、牛皮革、猪皮革、鹿皮革、袋鼠皮革、全粒面革、绒面革等类型。这些不同材质的皮革具有不同的特性，为了满足不同的需求，我们需要对皮革材质进行鉴定，以便选择合适的皮革材质。此外，《皮鞋》（QB/T 1002—2015）产品标准中提到按帮面材料皮鞋可分为：天然皮革（头层、剖层猪、牛、羊等动物皮革）帮面皮鞋（靴）；人造材料帮面皮鞋（靴）；多种材料混用帮面皮鞋（靴）。因此，皮革的材质鉴定日趋成为皮革测试中需求量较大的测试项目。皮革材质的鉴定方法有燃烧法、显微镜鉴定法、感官鉴定法、红外光谱法、DNA 鉴定法等，本文主要讲解显微镜鉴定方法的内容，现行的依据标准为《皮革　材质鉴别　显微镜法》（GB/T 38408—2019）。

二、测定原理

依据不同种类动物皮革的组织结构特征差异，通过显微镜观察皮革表面和纵截面组织纤维的显微结构，鉴别皮革材质。

三、测试设备与材料

① 光学显微镜：上光源，放大倍数至少 20 倍，具有拍摄或图片显示功能。
② 刀片或冷冻组织切片机，或类似组织切片机。
③ 丙酮、乙醇或适当溶剂。

四、测试实例——显微镜法鉴定皮革材质

1. 取样部位

应在具有明显动物组织结构特征的部位切取试样。

2. 试样准备

裁取合适大小试样 3 块。

试样 A：用于观察表面，必要时可用丙酮、乙醇或适当溶剂清除试样表面的涂层。

试样 B：用于观察纵截面组织结构，切割过程中应确保刀片的切边垂直于试样表面。

试样 C（必要时）：用于测定涂层厚度。

3. 鉴定过程

将试样 A 表面向上平放于显微镜下，对其表面进行观察；将试样 B 纵截面向上平放于显微镜下，对其纵截面组织结构进行观察。结合表面和纵截面的特征，与参考样品进行比对、鉴别、分析，从而确认皮革材质。

注：①鉴别时，注意皮革纵截面结构与再生革及常见合成材料的区别；②皮革粒面的毛孔排列是鉴别皮革种类最重要的特征信息。

对于涂层或移膜层较厚的试样，还可按《皮革 物理和机械试验 表面涂层厚度的测定》（GB/T 22889—2021）的规定，测定试样 C 的涂层或移膜层的厚度及其占总厚度的百分比，按照 GB/T 22889—2021 中 8.2 的要求出具鉴别结果。

4. 结果鉴别与表示

（1）结果鉴别

① 根据试样组织结构特征、粒面结构形态和纵截面结构形态等特征，鉴别皮革的动物种类。

② 当试样 A 在显微镜下可清楚观察到粒面，或试样 B 可观察到致密的粒面层特征时，可鉴别为粒面（皮）革，否则为剖层（皮）革。

③ 当试样的主要纤维为皮革纤维时，但组织结构出现非天然皮革纤维（参见 GB/T 22889 表 B.1）的排列规则时，可鉴别为再生革。

（2）结果表示

① 按《皮革工业术语》（QB/T 2262—1996）中的分类和命名给出皮革的规范名称，动物名称后加"革"或"皮革"，如牛皮革、牛头层（皮）革、牛剖层（皮）革。

② 若表面涂饰层或移膜厚度超过试样总厚度的 1/3，可不再鉴别皮革部分的动物种类，可直接出具"超厚涂饰革"或"超厚移膜革"，结果必要时给出涂层或移膜层厚度及其占总厚度的百分比。

5. 显微镜的操作注意事项

① 持镜时必须是右手握臂、左手托座的姿势，不可单手提取，以免零件脱落或碰撞到

其他地方。

②轻拿轻放，不可把显微镜放置在实验台的边缘，应放在距边缘10cm处，以免碰翻落地。

③保持显微镜的清洁，光学和照明部分只能用擦镜纸擦拭，切忌口吹手抹或用布擦，机械部分可用布擦拭。

④每次用完显微镜后，应用擦镜纸将目镜、物镜擦干净。不要随意转动准焦螺旋，观察时必须先用粗准焦螺旋调节焦距，看清物像后再用细准焦螺旋进行微调。由于细准焦螺旋转动有一定的范围，当向一个方向旋转不动时，应将粗准焦螺旋向相反方向转动，然后再用细准焦螺旋调节。切不可强行转动，以防损坏齿轮。观察完毕，将玻片从载物台上取下时必须先升高镜筒，以免玻片撞击物镜。

五、任务实施

1. 工作任务单

任务名称	显微镜法鉴定皮革材质
任务来源	企业新购进一批皮革,为了对其材质进行名称标注,需对其进行鉴定。
任务要求	检验人员按照相关标准完成显微镜法鉴定皮革材质的工作,在工作过程中学习皮革材质鉴定的原理、试样准备、仪器操作、报告撰写等相关知识。
任务清单	一、需查阅的相关资料 1.《皮革 材质鉴别 显微镜法》(GB/T 38408—2019); 2.《皮革工业术语》(QB/T 2262—1996)。 二、设计试验方案 根据皮革材质的特性合理制定测定方案。 三、实践操作 1. 准备样品; 2. 对样品进行鉴定; 3. 结果鉴定与表示。 四、撰写试验报告 按照规范要求撰写试验报告。
工作任务考核	1. 工作任务参与情况; 2. 方案制定及执行情况; 3. 试验报告完成情况。

2. 显微镜法鉴定皮革材质实训报告单

姓名：	专业班级：		日期：
同组人员：			
一、试验测试标准说明			

续表

二、样品详细说明

  1. 样品来源及说明

  2. 试样制备方法

三、试验记录

样品编号	显微图片	标准参考图片	皮革材质鉴定结果
1			
2			
3			
4			

任务二　皮革厚度的测定

一、基础知识

对皮革进行厚度测定的目的在于：①不同种类、不同品种的皮革有不同的厚度规定，通过测定可检验其是否符合标准；②皮革的厚度值可作为抗张强度、伸长率等项目计算的基础数据。

在实际工作中，我们可以按照《皮革　物理和机械试验　厚度的测定》（QB/T 2709—2005）标准来开展制样和测试工作。

二、测定原理

测量皮革在压脚一定压力和时间下，压脚的垂直移动距离，并在刻度表上显示出来。

三、测试设备

因为皮革属于多孔性疏松物质，其厚度与所加压力及作用时间有关，压力增大，时间加长，其厚度也相应地减小。为了消除压力和时间的影响，我们采用定重式测厚仪，使之在规定的一定压力和一定时间内测得具有可供比较的厚度数据。

定重式测厚仪如图 2-1 所示，主要包括 5 部分，准确读数到 0.01mm。

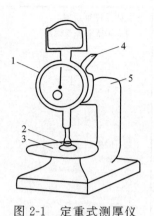

图 2-1　定重式测厚仪
1—千分表；2—圆柱体（压脚）；
3—试样放置台；4—手柄；
5—千分表架

四、测试实例——皮革厚度的测定

1. 试样准备

① 按《皮革　化学、物理、机械和色牢度试验　取样部位》（QB/T 2706—2005）规定取样，测量五个点的厚度，测量点呈十字形。

② 测试用试样，测量三个点的厚度，测量点在测试部位呈一字形。

③ 不能确定取样部位的样品，测量五个点的厚度，测量点呈十字形。

④ 坚硬的皮革，为避免弯曲，推荐取小块样品，测量三个点的厚度，测量点呈一字形。

⑤ 整张革，每个部位测量五个点的厚度。

⑥ 按《皮革　物理和机械试验　试验的准备和调节》（QB/T 2707—2018）的规定对样品进行空气调节。

2. 测试过程

做好取样和试样的准备后，按照以下步骤进行测试。

① 调整定重测厚仪指针归零。

② 压起手柄，将试样粒面向上放在测试台上测试。

③ 逐渐放松手柄。

④ 5s 后读取数值。

3. 结果处理

记录数值，数值精确到 0.01mm。

4. 注意事项

① 要在规定的时间内以规定的负荷测定。

② 测试时要保证试样处于平面状态以减小误差。

③ 压脚表面在任何位置，都与试样放置台的表面相平行，其误差应在 0.005mm 以内。

④ 测量范围为 0～10mm，准确到 0.01mm。

五、任务实施

1. 工作任务单

任务名称	皮革厚度的测定
任务来源	企业新购进一批皮革，需要测定其厚度以用于抗张强度、伸长率的测定。

任务要求	检验人员按照相关标准完成皮革厚度的测定,在工作过程中学习皮革厚度测定的原理、试样准备、仪器操作、报告撰写等相关知识。
任务清单	一、需查阅的相关资料 1.《皮革　物理和机械试验　厚度的测定》(QB/T 2709—2005); 2.《皮革　化学、物理、机械和色牢度试验　取样部位》(QB/T 2706—2005); 3.《皮革　物理和机械试验　试验的准备和调节》(QB/T 2707—2018)。 二、设计试验方案 根据皮革材质合理制定测定方案。 三、实践操作 1. 准备测定样品; 2. 对样品进行测定并记录测定数据; 3. 对测定结果进行计算。 四、撰写试验报告 按照规范要求撰写试验报告。
工作任务考核	1. 工作任务参与情况; 2. 方案制定及执行情况; 3. 试验报告完成情况。

2. 皮革厚度的测定实训报告

姓名：　　　　　　　　　专业班级：　　　　　　　　　日期： 同组人员：
一、试验测试标准说明
二、皮革样品的详细说明和标志
三、试样制备的详细情况

四、试验记录

样品编号	测量部位一/mm	测量部位二/mm	测量部位三/mm	算术平均值/mm
1				
2				
3				

任务三 皮革伸长率和抗张强度的测定

一、基础知识

皮革制品的突出优点是坚固、经久耐穿，即所采用的皮革具有较高的强度。测定革的伸长率和抗张强度，了解革在外力作用下的变形情况和其所承受的作用力，从而在很大程度上判断制品的耐用性能，是鉴定革的物理力学性能的重要指标之一。在实际工作中，我们可以按照《皮革　物理和机械试验　抗张强度和伸长率的测定》（QB/T 2710—2018）标准进行皮革伸长率和抗张强度的测定。

二、测定原理

皮革伸长率是指皮革试样从开始受到拉伸到被拉断时所伸长的长度与原长度之比，即

$$E = \frac{L - L_0}{L_0} \times 100\% \tag{2-1}$$

式中　L_0——试样原长度，mm；

　　　L——试样断裂时受力部分的长度，mm；

　　　E——试验断裂伸长率。

抗张强度是指革试样在受到轴向拉伸被拉断时，在断点处单位横截面所承受力的负荷数，以 N/mm^2 表示，即 MPa。用数学形式表示为：

$$T = \frac{F}{S} \tag{2-2}$$

式中　T——试样的抗张强度，N/mm^2 或 MPa；

　　　F——试样断裂时所承受的最大拉力，N；

　　　S——试样断裂面的面积，mm^2。

三、测试设备

测试设备主要为拉力测试机。

拉力试验机主要由力传感器、驱动传感器、测控系统等组成。

① 力传感器：主要是力的测量，通过测力传感器、放大器和数据处理系统来实现测量，最常用的测力传感器是应变片式传感器。

② 驱动传感器：由伺服系统控制电机，电机经过减速箱等一系列传动机构带动丝杆转动，从而达到控制横梁移动的目的。

③ 测控系统：由计算机、传动系统、电机组成，通过操作台可以控制拉力试验机的运作，通过显示屏可以获知试验机的状态及各项试验参数。

四、测试实例——皮革伸长率和抗张强度的测定

1. 试样准备

用模刀将试样切割成哑铃形状，如图 2-2 所示，哑铃形试样的裁刀尺寸见表 2-1。试样还需要按照《皮革　物理和机械试验　试验的准备和调节》（QB/T 2707—2018）进行空气调节。具体做法为：试片在测试前 48h 内，应放置在温度为（20±2）℃、相对湿度为 63%～67% 的标准空气中进行空气调节，其放置的位置应留有使空气能自由接触其表面的空隙，并将风扇放在适当的地方，使空气不断地快速流动。

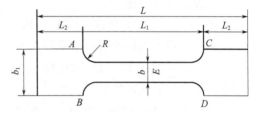

图 2-2　抗张强度试样

表 2-1　试样的尺寸　　　　　　　　　　　单位：mm

规格	L	L_1	L_2	b	b_1	R
标准尺寸	110	50	30	10	20	5
大号尺寸	190	100	45	20	40	10

2. 测试过程

（1）皮革伸长率的测定

① 调节拉力机上下夹头间的距离为 50mm。将试片在上下夹内夹紧，并使 AB、CD 线与夹头的边缘平行一致。试片夹入后，其粒面应在一个平面上。

② 将试片夹入拉力机的上下夹内。测出两夹间的距离，准确到 0.5mm。以这个长度作为测定试片伸长率的原始长度。

③ 开动机器，当试样在规定负荷下不断被拉伸直至断裂时，两夹间的距离为试样断裂时受力部分的长度。

（2）皮革抗张强度的测定

1）测试试样的宽度

测量试样的宽度准确到 0.1mm。共测量 6 个数据，3 个在粒面，3 个在肉面。测定部位是：一个在试样腰部的中间 E 点（见图 2-2），第二、第三个分别在 E 点和 AB、CD 两条线的中间位置。6 个数据的算术平均值就是这个试样的宽度。对于切取规定试样，宽度可直接取 b 值。

2）测试试样的厚度

按照厚度测定法的规定，用厚度仪测定试样的厚度。测定的部位是 E 点及 E 点和 AB、

CD 两条线的中间。3 个点的平均值作为这个试样的厚度（小号试样只测定 E 点的厚度）。

（3）计算试样的横截面积

$$横截面积＝宽度×厚度$$

（4）测定拉力 F

将试样垂直固定在拉力机的上、下夹钳中，使其受力部分的长度为 50mm（小号和大号试样分别为 20mm、100mm），并使上、下夹钳的边缘分别与 AB、CD 线相重合；调整拉力机活动夹的拉伸速度为（100±20)mm/min；记录试样断点的位置及试样断裂时的最大负荷 F。

3. 结果处理

（1）皮革伸长率

根据式（2-1），算出伸长率 E 值。

（2）皮革抗张强度

计算：按式（2-2）将测定的 F 和横截面积 S 相除，所得的 T 值就是抗张强度。

报告结果取纵横四个测定结果的算术平均值。

注意：试样断在哪一点，就按哪一点的横截面积计算。若断在两点之间，则取其相邻两点的平均厚度计算横截面积。

4. 皮革伸长率和抗张强度测定的操作注意事项

① 所有的试验结果与皮革的涂饰、鞣制方法以及原皮的种类有关。

② 试样切取的部位和方向会对试验结果产生影响。因此在比较两种或两种以上的皮革质量时，必须在每个样品的相同部位上切取试样，而且要以背脊线或其他结构上的特点为准，切取同方向试样。

五、任务实施

1. 工作任务单

任务名称	皮革伸长率和抗张强度的测定
任务来源	企业新购进一批皮革，需对其进行检验，测定其是否符合使用要求。
任务要求	检验人员按照相关标准完成皮革伸长率和抗张强度的测定，在工作过程中学习伸长率和抗张强度测定的原理、试样准备、仪器操作、报告撰写等相关知识。
任务清单	一、需查阅的相关资料 1.《皮革 物理和机械试验 抗张强度和伸长率的测定》(QB/T 2710—2018)； 2.《皮革 物理和机械试验 试验的准备和调节》(QB/T 2707—2018)。 二、设计试验方案 根据皮革的性质合理制定测定方案。 三、实践操作 1. 准备测定样品； 2. 对样品进行测定并记录测定数据； 3. 对测定结果进行计算。 四、撰写试验报告 按照规范要求撰写试验报告。
工作任务考核	1. 工作任务参与情况； 2. 方案制定及执行情况； 3. 试验报告完成情况。

2. 皮革伸长率和抗张强度的测定实训报告

姓名：　　　　　　专业班级：　　　　　　　　　日期：

同组人员：

1. 样品及测试条件记录

样品名称		样品规格	
检测依据		样品调节环境及时间	
试样类型		试样调节环境及时间	
试样裁切方向		拉伸速率/(mm/min)	

2. 数据记录

检测次数	试样厚度/mm		原始标距/mm	断裂标距/mm	扯断伸长率/%	最大力/N	抗张强度/MPa
	单值	平均值					
伸长率中位数/%				抗张强度中位数/MPa			

结论：

任务四　皮革耐折牢度的测定

一、基础知识

将革制成鞋，在使用和穿着过程中会不断地受到弯曲作用，当革粒面向外弯曲时，则粒面层受到拉伸作用，肉面层受到压缩作用；反之，则粒面层受到压缩作用，而肉面层受到拉伸作用。如拉伸的那一面所受的力达到纤维的强度极限，则革开始断裂。由于粒面层的纤维束较肉面层的更为纤细脆弱，因此在重复弯曲之下，粒面层往往先出现裂痕。另外，涂饰薄膜与革身的黏着牢度也会因多次弯曲作用而减弱。为了检验轻革及其涂层的耐折耐弯曲裂面的性质，国家标准规定用折裂仪来测定其耐折牢度。在实际工作中，我们可以按照《皮革　物理和机械试验　耐折牢度的测定》（QB/T 2714—2018）标准进行皮革耐折牢度的测定。

二、测定原理

耐折牢度又称折裂强度。通过检验革的弯曲裂面，包括检测轻革的涂饰层及革身，以出现开裂时的弯曲次数表示，来反映革的外观和内在质量。

它的测试原理和方法为将试样夹在折裂仪的两个夹子里，保持其折叠形状，两个夹子中的一个是固定的，另一个以规定的角度往复转动，使试样随之折叠，测定革在这种规定折叠形式下，经过多次折叠，产生各种不同程度损坏时的曲折次数。曲折次数越大，皮革的耐折牢度就越高。

耐折牢度可用折裂次数表征，公式如下：

$$P = Dt \tag{2-3}$$

式中　P——折裂次数，次；

D——仪器每分钟折叠次数，次/min；

t——试样被折时间，min。

三、测试设备

轻革耐折牢度主要由耐折牢度测定仪测定。轻革耐折牢度测定仪主要部件为试样夹，试样夹分上、下试样夹，下试样夹固定不动，上试样夹折角为22°31′，并往复转动，转动次数为（100±5）次/min，如图2-3所示。

图 2-3　轻革耐折牢度测定仪

四、测试实例——皮革耐折牢度的测定

1. 试样准备

① 干态试样用模刀按图2-4所示的位置"5"切取大小为70mm×45mm的长方形试样，并进行空气调节。

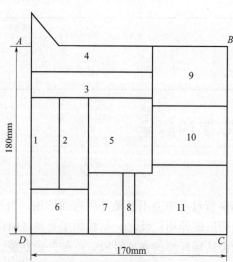

图 2-4　耐折牢度试样的形状

② 湿态试样用模刀按图2-4所示的位置"5"切取大小为70mm×45mm的长方形试样，将试样放入直径100mm、高25mm的玻璃盘中，加入足够量的蒸馏水，把盘子放入干燥器

中，将干燥器抽真空并保持真空度在 4kPa 以下 2min，重复抽真空两次后取出试样，用滤纸吸去多余水分，立刻进行湿测试。

2. 测试过程

做好取样和试样的准备后，按如下步骤进行测试。

① 将试样放在上、下试样夹中，其方法如下：

a. 转动马达，用调节器使上试样夹的底边呈水平（即仪器的指针为零）。

b. 将空气调节后的试样沿长边的方向相对折叠，将在试验过程中需要观察的一面（一般为粒面）折叠在里面。

c. 将对折试样的一端放入仪器的上试样夹内，并使折线与上试样夹的凸面沿底边齐平，如图 2-5（a）所示。

d. 将试样的另一端原来折向里面的一面向外翻转，并将两角合并垂直插入下试样夹内，试样未夹入的部分必须与两个试样夹垂直，所用的力刚好将试样拉直，不必施加更大的力，如图 2-5（b）、（c）所示。

② 试样夹好后，再检查一次夹样是否符合要求，符合要求后开动耐折牢度测定仪，在计数器到达规定次数时关闭马达。

③ 用六倍放大镜观察受折部分是否有变色、起毛、裂纹、起壳、掉浆、破裂等现象。

  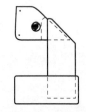

(a) 试样在上试样夹 (b) 试样在下试样夹 (c) 试样夹入上、下试样夹时的位置

图 2-5 轻革耐折牢度测定仪及试样的夹持

3. 结果处理

按式（2-3）计算。

4. 皮革耐折牢度测定的操作注意事项

① 如果停机时间相当长（如过夜），这时试样可以留在夹子内，但应转动夹子，使试样不处于完全被拉直的状态中。

② 检查试样涂层时，必须有良好的光源和六倍放大镜。

五、任务实施

1. 工作任务单

任务名称	皮革耐折牢度的测定
任务来源	企业新购进一批皮革,需对其进行检验,测定其是否符合使用要求。
任务要求	检验人员按照相关标准完成皮革耐折牢度的测定,在工作过程中学习耐折牢度测定的原理、试样准备、仪器操作、报告撰写等相关知识。

任务清单	一、需查阅的相关资料 《皮革 物理和机械试验 耐折牢度的测定》(QB/T 2714—2018)。 二、设计试验方案 根据皮革的性质合理制定测定方案。 三、实践操作 1. 准备测定样品； 2. 对样品进行测定并记录测定数据； 3. 对测定结果进行计算。 四、撰写试验报告 按照规范要求撰写试验报告。
工作任务考核	1. 工作任务参与情况； 2. 方案制定及执行情况； 3. 试验报告完成情况。

2. 皮革耐折牢度的测定实训报告

姓名：　　　　　　专业班级：　　　　　　　日期： 同组人员：	
一、试验测试标准说明	
二、皮革样品的详细说明和标志	
三、试样制备的详细情况	

续表

四、所选仪器说明

五、试验结果及分析

1. 数据记录

样品编号	折裂次数	样品外观
1		
2		
3		

2. 结论

任务五　皮革耐磨性能的测定

一、基础知识

皮革制品已经融入我们的生活当中，因其柔软性、贴肤性和舒适性而广泛受到消费者的青睐。然而在我们使用和穿着过程中，皮革会不断地受到摩擦导致损坏，这会影响皮革制品的使用寿命。因此皮革的耐磨性能是评价皮革质量的一个重要指标，对皮革进行耐磨性能测试能筛选出不同质量的皮革，并对耐磨性能差的试样提出改进要求。在实际工作中，我们可以按照《皮革　物理和机械试验　耐磨性能的测定》（QB/T 2726—2005）标准进行皮革耐磨性能的测定。

二、测定原理

皮革的耐磨性能是指皮革所具有的抵抗磨损的特性，也就是在一定摩擦的外界条件下皮革受损程度的情况，相同条件下如果皮革受损程度越小，表面耐磨性能越高。测试耐磨性能的方法及仪器有很多，本节我们将采用 TABER 耐磨试验机来测试。

皮革耐磨性能测试仪的试验原理是将用标准切刀裁取的试样，用规定型号的砂轮，并负荷一定的重量加以磨耗，到规定的转数后取出试件，观察试件的状况或比较试件试验前后的重量差。重量差越小，证明其耐磨性能越好。

图 2-6　TABER 耐磨试验机

三、测试设备

　　TABER 耐磨试验机用于皮革、布类、涂料、橡胶等的耐磨试验，如图 2-6 所示。它的组成部分主要包括磨轮、砝码、吸尘嘴、试样夹环、试样压片、计数器等。它在测试过程中是将被测试的试样放在水平台上旋转，两个磨轮被施以特定的压力压在试片上旋转，磨轮的轴与水平面相平行，一个磨轮朝外，另一个朝内，在一定的时间内，达到设定的次数时，自动停机。

四、测试实例——皮革耐磨性能的测定

　　1. 试样准备

　　切取 3 个直径为 (106±1)mm 的圆形试样，中心有合适的孔。如果需要，用试样固定片固定。在标准空气中进行空气调节。

　　2. 新橡胶磨轮的准备

　　① 将橡胶磨轮安装到支承臂上，保证有标签的一面朝外。

　　② 选择合适的砂纸，放到试样夹持器上。

　　③ 将磨轮放到砂纸的表面，打开吸尘装置，开动机器，运行 20r。

　　④ 更换砂纸，重复上述操作。

　　⑤ 检查磨轮，如果颜色不一致，用新的砂纸重新处理。如果颜色仍不一致，舍掉该磨轮。

　　⑥ 用软刷子或压缩空气去除碎屑。

　　3. 测试过程

　　① 将准备好的新磨轮或经过调整的磨轮装到支承臂上，安装正确，标签朝外。

　　② 选择合适的负重 250g、500g 或 1000g。一般常用的负重为 500g，但是汽车制造商可指定负重，使用的负重应记录在试验报告中。

　　③ 将试样装到试样夹持器上。

　　④ 将磨轮放到试样的表面，打开吸尘装置，开动机器，按设定的转速操作。

　　⑤ 关闭机器取下试样，测量并记录试样的损坏情况，排除试验面积边沿 2mm 范围内的损坏，以及因开、停机器对试样造成的挤压面积。

　　4. 结果处理

　　试验结束，取下试样，观察试样在试验面积内的颜色变化及试样的损坏情况。具体包括光泽的变化、表面性能的变化（起球、起毛）、颜色的变化、厚度的变化、透气性能的变化、重量的变化、强度的变化。

　　5. 皮革耐磨性能测定的操作注意事项

　　① 每次测定结束后都要对橡胶磨轮进行调整；

　　② 每张砂纸最多运行 60r。

五、任务实施

1. 工作任务单

任务名称	皮革耐磨性能的测定
任务来源	企业新购进一批皮革,需对其进行检验,测定其是否符合使用要求。
任务要求	检验人员按照相关标准完成皮革耐磨性能的测定,在工作过程中学习耐磨性能测定的原理、试样准备、仪器操作、报告撰写等相关知识。
任务清单	一、需查阅的相关资料 《皮革 物理和机械试验 耐磨性能的测定》(QB/T 2726—2005)。 二、设计试验方案 根据皮革的性质合理制定测定方案。 三、实践操作 1. 准备测定样品; 2. 对样品进行测定并记录测定数据; 3. 对测定结果进行计算。 四、撰写试验报告 按照规范要求撰写试验报告。
工作任务考核	1. 工作任务参与情况; 2. 方案制定及执行情况; 3. 试验报告完成情况。

2. 皮革耐磨性能测定的实训报告

姓名:	专业班级:	日期:
同组人员:		

一、试验测试标准说明

二、样品的详细说明和标志

续表

三、试样制备的详细情况
四、详细试验条件及试验步骤

五、试验结果及分析

1. 数据记录

样品编号	试验前 m_1	试验后 m_2	m_1-m_2	m_1-m_2 平均值
1				
2				
3				

2. 结论

项目二　鞋用皮革有毒有害物质检测

 学习目标

知识目标

1. 了解鞋用皮革有毒有害物质检测的相关指标。

2. 了解鞋用皮革六价铬、甲醛、禁用偶氮染料、五氯苯酚、二甲基甲酰胺等测试项目所使用仪器的基本结构。

3. 掌握鞋用皮革六价铬、甲醛、禁用偶氮染料、五氯苯酚、二甲基甲酰胺等测试项目的测试原理、测试步骤。

4. 了解鞋用皮革有毒有害物质测试结果的影响因素。

能力目标

1. 会根据相关检测国家标准、国际标准合理制定检测方案。

2. 会操作水浴恒温振荡器、超声波清洗仪、水蒸气蒸馏装置、紫外-可见分光光度计、液相色谱仪、气相色谱-质谱联用仪等仪器设备。

3. 会填写测试报告，并对测试结果进行正确判断。

素质目标

1. 培养环保意识，树立"绿水青山就是金山银山"的理念。

2. 培养严谨、求真务实、尊重科学规律的职业素养。

皮革是经脱毛和鞣制等物理、化学加工所得到的已经变性不易腐烂的动物皮。它是人类使用的最古老的服装材料之一，而且一直为人们所钟爱。其优点有柔软、透气、耐磨、强度高，具有高吸湿性和透水汽性和具有天然独特的美感等。

皮革是革制品工业的主要原料，主要用于鞋面、鞋底及服装、箱包等制作。所以，革制品质量的好坏很大程度上取决于所用原材料——皮革质量的好坏。有毒有害物质分析检验是评定皮革质量的指标之一。

皮革和合成革产品在生产加工过程中会产生一定量的有毒有害物质，长期使用会对人体造成或多或少的伤害。本项目以鞋用皮革为主体材料，讲解常见的有毒有害物质检测项目，包括六价铬、甲醛、禁用偶氮染料、五氯苯酚、二甲基甲酰胺五个任务点。

任务一　鞋用皮革六价铬含量的测定

一、基础知识

大多数皮革产品中所用皮革要经过鞣制处理，而铬鞣法是最常用的一种处理方法。铬鞣法中所用的铬鞣母液是用重铬酸钠（$Na_2Cr_2O_7 \cdot 2H_2O$）为原料配制而成的。铬（Ⅵ）无鞣制作用，需要还原为铬（Ⅲ）后才有鞣制作用。如果还原不完全，就会在皮革中残留一定量的铬（Ⅵ），会通过皮革制品接触皮肤进入人体，危害健康。

在实际工作中，我们需要按照以下标准来开展制样和测试工作。它们分别是：《皮革和毛皮 化学试验 六价铬含量的测定：分光光度法》（GB/T 22807—2019）；《皮革 皮革中六价铬含量的化学测定 第1部分：比色法》（ISO 17075-1：2017）。

二、测定原理

用pH值在7.5～8.0之间的磷酸盐缓冲液萃取试样中的可溶性六价铬，需要时，可用脱色剂除去对试验有干扰的物质。滤液中的六价铬在酸性条件下与1,5-二苯卡巴肼反应，生成紫红色络合物，用分光光度法在540 nm处测定。

三、测试设备和试剂

① 机械振荡器：做水平环形振荡，频率为（100±10）次/min；

② 带玻璃电极的 pH 计：读数精确至 0.1 单位；

③ 分光光度计：波长 540nm；

④ 分析天平：精确到 1mg；

⑤ 具塞锥形瓶：250mL；

⑥ 容量瓶：25mL；

⑦ 磷酸氢二钾缓冲液（0.1mol/L）：将 22.8g 磷酸氢二钾（$K_2HPO_4 \cdot 3H_2O$）溶解在 1000mL 蒸馏水中，用磷酸将 pH 值调至 8.0±0.1，再用氩气或氮气排出空气；

⑧ 1,5-二苯卡巴肼溶液：称取 1,5-二苯卡巴肼 1.0g，溶解在 100mL 丙酮中，加一滴乙酸，使其呈酸性；

⑨ 六价铬标准储备液：称取 0.2829g 重铬酸钾（$K_2Cr_2O_7$），用蒸馏水溶解、转移、洗涤、定容到 1000mL 容量瓶中，每 1mL 该溶液中含有 0.1mg 铬；

⑩ 六价铬标准溶液：移取 10mL 六价铬标准储备液至 1000mL 容量瓶中，用磷酸氢二钾缓冲液稀释至刻度，每 1mL 该溶液中含有 $1\mu g$ 铬；

⑪ 磷酸：加入 700mL 正磷酸（质量分数为 85%，密度为 1.71g/mL）到 1000mL 容量瓶中，用去离子水稀释至刻度线；

⑫ 氩气或者氮气：不含氧气，纯度≥99.99%。

四、测试步骤

1. 试样准备

将皮革剪成小块样品，尺寸为 3～5mm，混匀，室温下保存。

2. 测试过程

称取剪碎的试样（2.0±0.01）g，用移液管吸取 100mL 排去空气的磷酸盐缓冲液，置于 250mL 锥形瓶中，盖好磨口塞，放在振荡器上室温（18～26℃）萃取 3h。萃取 3h 后，测定溶液的 pH 值，应在 7.5～8.0 之间，如果超出这一范围，则需要减少称样质量进行重新萃取。

用移液管移取萃取所得的溶液 10mL，置于一个 25mL 容量瓶中，用缓冲液稀释至该容量瓶容积的 3/4 处。加入 0.5mL 磷酸溶液，然后再加入 0.5mL 二苯卡巴肼溶液，用缓冲液稀释至刻度并混匀。静置（15±5）min，用 2cm 比色皿测量该溶液 540nm 处相对于空白溶液的吸光度，该吸光度记作 E_1。

同时用移液管移取另外 10mL 萃取所得的溶液，置于一个 25mL 容量瓶中。除不加二苯卡巴肼溶液外，其余按上述步骤操作，用相同方法测量吸光度，并记作 E_2。

空白溶液：不加样品，其他步骤同上述一样处理。

3. 标准工作溶液的配制

在 6 个 25mL 的容量瓶中分别加入 0.125mL、0.25mL、0.5mL、1.0mL、2.5mL 和 5.0mL 的 1mg/L 六价铬标准溶液，按顺序加入 0.5mL 磷酸溶液和 0.5mL 1,5-二苯基卡巴肼，用萃取液定容，混匀。标准曲线浓度分别为 0.005mg/L、0.01mg/L、0.02mg/L、

0.04mg/L、0.10mg/L、0.20mg/L。

4. 结果处理

计算样品浓度的公式如下：

$$\omega_{Cr(VI)} = \frac{(E_1 - E_2)V_0V_1}{V_2mF}$$ （2-4）

式中　ω——皮革中六价铬含量，mg/kg；

　　E_1——样品萃取液显色溶液的吸光度；

　　E_2——样品萃取液空白对照的吸光度；

　　V_0——样品萃取液的体积，mL；

　　V_1——稀释后的体积，mL；

　　V_2——试样萃取液移取的体积，mL；

　　m——称量的皮革质量，g；

　　F——工作曲线的斜率，mL/μg。

5. 操作注意事项

① 已配好的 1,5-二苯卡巴肼溶液应保存在棕色瓶中，在 4℃时遮光存放，有效期 14d。

② 若皮革提取液颜色较深，需进行脱色步骤。

先用 5mL 甲醇和 10mL 磷酸盐缓冲液活化固相萃取柱。后加入 10mL 萃取液，收集流出液。再加入 8mL 磷酸盐缓冲液洗脱，合并流出液。

将流出液转移至 25mL 容量瓶中，加入 0.5mL 磷酸溶液和 0.5mL 1,5-二苯基卡巴肼溶液，用磷酸盐缓冲液稀释至定容刻度线并摇匀，待测。

五、任务实施

1. 工作任务单

任务名称	鞋用皮革六价铬含量的测定
任务来源	企业新购进一批皮革，需对其进行检验，测定其是否符合使用要求。
任务要求	检验人员按照相关标准完成皮革中六价铬含量的测定，在工作过程中学习六价铬测定的原理、试样准备、试验操作、仪器检测、报告撰写等相关知识。
任务清单	一、需查阅的相关资料 1.《皮革和毛皮　化学试验　六价铬含量的测定:分光光度法》(GB/T 22807—2019)； 2.《皮革　皮革中六价铬含量的化学测定　第 1 部分:比色法》(ISO 17075-1:2017)。 二、设计试验方案 根据皮革的性质合理制定测定方案。 三、实践操作 1. 准备测定样品； 2. 对样品进行测定并记录测定数据； 3. 对测定结果进行计算。 四、撰写试验报告 按照规范要求撰写试验报告。
工作任务考核	1. 工作任务参与情况； 2. 方案制定及执行情况； 3. 试验报告完成情况。

2. 鞋用皮革六价铬含量的测定实训报告单

| 姓名： | 专业班级： | 日期： |

同组人员：

一、试验测试标准说明

二、试样制备的详细情况

三、所选仪器及试剂说明

四、详细试验步骤

五、数据记录

序号	编号	质量/g	萃取液 pH 值	萃取液体积/mL	含量/(mg/kg)
1					
2					
3					
4					

序号	编号	质量/g	萃取液 pH 值	萃取液体积/mL	含量/(mg/kg)
5					
6					

六、试验结果及分析

标准曲线浓度分别为 _____、_____、_____、_____ mg/L;对应的吸光值分别为 _____、_____、_____、_____、_____。

校准曲线方程及 R^2:$y=$ _____,$R^2=$ _____。

任务二 鞋用皮革甲醛含量的测定

一、基础知识

甲醛超标会使人体出现头痛、头晕、乏力、恶心、呕吐、胸闷、眼痛、咽喉痛、胃纳差、心悸、失眠、体重减轻、记忆力减退以及神经紊乱等症状。甲醛主要用于皮革的鞣制、复鞣和涂饰。虽然在涂饰中甲醛的用量越来越少,但甲醛在皮革加工中仍起着重要的作用。

在实际工作中,我们需要按照以下标准来开展制样和测试工作。它们分别是:《皮革和毛皮 甲醛含量的测定 第1部分:高效液相色谱法》(GB/T 19941.1—2019);《皮革 甲醛含量的化学测定 第1部分:高效液相色谱法》(ISO 17226-1:2021)。

二、测定原理

采用液相色谱从其他醛和酮类中分离出萃取液中游离的和溶于水的甲醛,进行测定和定量。本方法具有选择性。在40℃条件下萃取试样,萃取液同二硝基苯肼混合,醛和酮分别与其反应产生各自的腙,通过反相色谱法分离,在波长355nm处进行测定和量化。

三、测试设备和试剂

① 恒温水浴振荡器:振荡频率为 (50±10)次/min;

② 高效液相色谱 (HPLC):具有紫外 (UV) 检测器,波长 (355±5)nm;

③ 分析天平:精确到1mg;

④ 具塞锥形瓶:150mL;

⑤ 比色管：10mL；

⑥ 十二烷基磺酸钠溶液（SDS）：0.1%（1g 十二烷基磺酸钠溶于 1L 容量瓶中，纯水定容）；

⑦ 二硝基苯肼（DNPH）：0.3%（0.3g 二硝基苯肼溶于 100mL 容量瓶中，85%浓磷酸定容）；

⑧ 乙腈。

四、测试步骤

1. 试样准备

将样品制备成小于 4mm × 4mm 的片状，避光密封保存。

2. 测试过程

精确称取试样 2g（精确至 0.1mg），放入 100mL 的锥形瓶中，加入 50mL 已预热到 40℃的十二烷基磺酸钠溶液，盖紧塞子，在（40±1）℃的水浴中轻轻振荡烧瓶（60±2）min。温热的萃取液立即通过真空玻璃纤维过滤器过滤到锥形瓶中，密闭在锥形瓶中的滤液被冷却至室温（18~26℃）。

将 4.0mL 乙腈、5mL 过滤后的萃取液和 0.5mL 二硝基苯肼移入 10mL 的比色管中，用蒸馏水稀释到刻度，并用手充分摇动，放置不少于 60min，但最多不能超过 180min，经过滤膜过滤后，进行色谱测定。如果样液浓度超过标定的范围，应调整试样的称重量。

3. 标准工作溶液的配制

分别移取 4mL 乙腈于 4 个 10mL 比色管中，再移取 10mg/L 的甲醛标准溶液于上述的 4 个 10mL 比色管中（移取的体积分别为 0.1mL、0.5mL、1.0mL、4.0mL），然后移取 0.5mL 0.3%DNPH 于上述 4 个比色管中，用纯水定容至刻度，混匀后于室温下放置不少于 60min，但不能高于 180min。然后用 0.45μm 滤膜过滤约 1mL 到进样瓶中，采用液相色谱仪测试。

4. 结果处理

计算样品浓度的公式如下：

$$C_x = \frac{C \times \frac{V_3}{V_2} \times V_1}{m} \tag{2-5}$$

式中　C_x——样品中的甲醛含量，mg/kg；

　　C——经仪器根据校准曲线自动计算出的样品浓度，μg/mL；

　　V_3——衍生之后定容的体积，$V_3 = 10mL$；

　　V_2——加入衍生反应的滤液体积，$V_2 = 5mL$；

　　V_1——加入萃取的 0.1% SDS 的体积，$V_1 = 50mL$；

　　m——样品称量的质量，g。

5. 操作注意事项

① 十二烷基磺酸钠溶液要预热到 40℃。

② 样品溶液与标准溶液的液相色谱图应一致。

五、任务实施

1. 工作任务单

任务名称	鞋用皮革甲醛含量的测定
任务来源	企业新购进一批皮革,需对其进行检验,测定其是否符合使用要求。
任务要求	检验人员按照相关标准完成皮革中甲醛含量的测定,在工作过程中学习甲醛测定的原理、试样准备、试验操作、仪器检测、报告撰写等相关知识。
任务清单	一、需查阅的相关资料 1.《皮革和毛皮　甲醛含量的测定　第1部分:高效液相色谱法》(GB/T 19941.1—2019); 2.《皮革　甲醛含量的化学测定　第1部分:高效液相色谱法》(ISO 17226-1:2021)。 二、设计试验方案 根据皮革的性质合理制定测定方案。 三、实践操作 1. 准备测定样品; 2. 对样品进行测定并记录测定数据; 3. 对测定结果进行计算。 四、撰写试验报告 按照规范要求撰写试验报告。
工作任务考核	1. 工作任务参与情况; 2. 方案制定及执行情况; 3. 试验报告完成情况。

2. 鞋用皮革甲醛含量的测定实训报告单

姓名:　　　　　　　　　　专业班级:　　　　　　　　　　日期:
同组人员:
一、试验测试标准说明
二、试样制备的详细情况

续表

三、所选仪器及试剂说明

四、详细试验步骤

五、数据记录

萃取温度_____℃,时间_____min。

序号	编号	质量/g	萃取体积/mL	含量/(mg/kg)
1				
2				
3				
4				
5				
6				

六、试验结果及分析

校准曲线方程及 R^2 : $y =$ _____ , $R^2 =$ _____ 。

任务三　鞋用皮革禁用偶氮染料含量的测定

一、基础知识

偶氮染料是皮革服装在印染工艺中应用最广泛的一类合成染料，用于多种天然和合成纤维的染色和印花，也用于油漆、塑料、橡胶等的着色。禁用偶氮染料是指在还原条件下会分解成致癌芳香胺类化合物的偶氮染料。只有当样品中禁用芳香胺的含量大于 30mg/kg 时才认为该样品使用了禁用偶氮染料。

在实际工作中，我们需要按照以下标准来开展制样和测试工作。它们分别是：《皮革和毛皮　化学试验　禁用偶氮染料的测定》（GB/T 19942—2019），《皮革　染色皮革中某些偶氮着色剂的化学试验　第 1 部分：源自偶氮着色剂的某些芳香胺的测定》（ISO 17234-1：2015）。

二、测定原理

试样经过脱脂后置于一个密闭的容器，在 70℃温度下，在缓冲液（pH＝6）中用连二亚硫酸钠处理，还原裂解产生的胺通过硅藻土柱的液-液萃取，提取到甲基叔丁基醚中，在温和的条件下，将真空旋转蒸发器浓缩用于萃取的叔丁基甲基醚中，并将残留物溶解在适当的溶剂中，利用测定胺的方法进行测定。采用具有二极管阵列检测器的高效液相色谱（HPLC/DAD）、气相色谱/质谱（GC-MS）两种色谱分离方法分离确认。

三、测试设备和试剂

① 恒温水浴：有控温装置。

② 真空旋转蒸发器或氮吹仪。

③ 超声波浴：有控温装置。

④ 分析仪器：GC 毛细管色谱柱，分流/不分流进样口，最好带质量选择检测器（MSD）；具有梯度控制的 HPLC，最好带 DAD 或 HPLC-MS。

⑤ 电子天平。

⑥ 密闭的反应瓶：带螺口、聚四氟乙烯（PTFE）瓶盖的 40mL 玻璃反应瓶。

⑦ 0.06mol/L 柠檬酸/氢氧化钠缓冲溶液：称取 25.052g 柠檬酸和 13.17g 氢氧化钠放入 1L 烧杯中，用水完全溶解并转移到 2L 容量瓶中后定容至刻度线。其理论 pH＝6，配制好后应检查 pH 值是否与理论值一致。

⑧ 200mg/mL 连二亚硫酸钠溶液：新鲜配制，如称取纯度≥88％的国产连二亚硫酸钠 5.681g，放入 25mL 的棕色容量瓶中，用少量水完全溶解后再定容到刻度，密封放置。

⑨ 正己烷。

⑩ 甲基叔丁基醚。

⑪ 芳香胺标准溶液：30mg/L。

⑫ 20％氢氧化钠甲醇溶液：20g 氢氧化钠溶于 100mL 容量瓶中，用甲醇定容。

⑬ 硅藻土柱。

四、测试步骤

1. 试样准备

皮革材料剪碎（剪成 4mm×4mm 或以下面积）后混合。

2. 测试过程

① 脱脂。称取剪碎的试样1.0g于50mL玻璃反应器中，加入20mL正己烷，盖上塞子，置于40℃的超声波浴中处理20min，倒掉正己烷（小心不要损失试样）。再用20mL正己烷按同样方法处理一次。脱脂后的试样在敞口的容器中放置过夜，挥干正己烷。

② 萃取。待试样中的正己烷完全挥干后，加入17mL预热至（70±5）℃的柠檬酸/氢氧化钠缓冲溶液，盖上塞子，轻轻振摇使试样湿润，在通风柜中将其置于已预热到（70±2）℃的水浴中加热（25±5）min，反应器内部始终保持70℃。

③ 还原裂解。用注射器加入1.5mL连二亚硫酸钠溶液，保持70℃，加热10min；再加1.5mL连二亚硫酸钠溶液，继续加热10min，取出。反应器用冷水尽快冷却至室温。

④ 液-液萃取。用玻璃棒将纤维物质尽量挤干，将全部反应溶液小心转移到硅藻土柱中，静置吸收15min。向留有试样的反应容器里加入5mL甲基叔丁基醚和1mL 20%氢氧化钠甲醇溶液，旋紧盖子，充分振摇后立即将溶液转移到硅藻土柱中。

分别用15mL、20mL叔丁基甲醚两次冲洗反应容器和试样，每次洗后，将液体完全转移到硅藻土柱中开始洗提胺，最后直接加40mL甲基叔丁基醚到硅藻土柱中，将洗提液收集到100mL圆底烧瓶中，在不高于50℃的真空旋转蒸发器中［真空度（500±100）mbar］，将甲基叔丁基醚提取液浓缩至近1mL，残留的叔丁基甲醚用惰性气体缓慢吹干。

直接加入2mL甲醇到圆底烧瓶中溶解残渣，该溶液用于仪器分析。

3. 标准工作溶液的配制

用于定量的校正液由甲醇或乙腈从26种胺的储备液（30mg/L）稀释成一系列的浓度，浓度范围为2~20mg/L。例如：2mg/L、4mg/L、10mg/L、20mg/L。

4. 结果处理

计算样品浓度的公式如下：

$$C_x = \frac{C_1 V}{m} \tag{2-6}$$

式中　C_1——样品液中芳香胺的质量浓度，mg/L；

　　　V——定容体积，2mL；

　　　m——样品的质量，g；

　　　C_x——样品中芳香胺含量，mg/kg。

5. 操作注意事项

① 胺应通过至少两种色谱分离方法确认，以避免因干扰物质而产生的误差。

② 胺的定量通过具有二极管阵列检测器的高效液相色谱（HPLC/DAD）来完成。

五、任务实施

1. 工作任务单

任务名称	鞋用皮革禁用偶氮染料含量的测定
任务来源	企业新购进一批皮革，需对其进行检验，测定其是否符合使用要求。
任务要求	检验人员按照相关标准完成皮革中禁用偶氮染料含量的测定，在工作过程中学习禁用偶氮染料测定的原理、试样准备、试验操作、仪器检测、报告撰写等相关知识。

续表

任务清单	一、需查阅的相关资料 1.《皮革和毛皮 化学试验 禁用偶氮染料的测定》(GB/T 19942—2019); 2.《皮革 染色皮革中某些偶氮着色剂的化学试验 第 1 部分:源自偶氮着色剂的某些芳香胺的测定》(ISO 17234-1:2015)。 二、设计试验方案 根据皮革的性质合理制定测定方案。 三、实践操作 1. 准备测定样品; 2. 对样品进行测定并记录测定数据; 3. 对测定结果进行计算。 四、撰写试验报告 按照规范要求撰写试验报告。
工作任务考核	1. 工作任务参与情况; 2. 方案制定及执行情况; 3. 试验报告完成情况。

2. 鞋用皮革禁用偶氮染料含量的测定实训报告单

姓名:	专业班级:	日期:
同组人员:		

一、试验测试标准说明

二、试样制备的详细情况

三、所选仪器及试剂说明

续表

四、详细试验步骤

五、数据记录

还原裂解:萃取温度_____℃,时间_____min;

萃取温度_____℃,时间_____min。

序号	编号	质量/g	总含量/(mg/kg)
1			
2			
3			
4			
5			
6			

六、试验结果及分析

样品_____,含有目标物_____,含量为_____mg/kg。

样品_____,含有目标物_____,含量为_____mg/kg。

样品_____,含有目标物_____,含量为_____mg/kg。

任务四　鞋用皮革五氯苯酚含量的测定

一、基础知识

五氯苯酚是一种重要的防腐剂,它能阻止真菌的生长,抑制细菌的腐蚀作用,防止虫害的发生,因此其常用于棉花、羊毛、皮革等天然纤维的储存、运输。然而,国内外大量机构研究表明,五氯苯酚是一种强毒性物质,它对人体具有致畸性和致癌性。

在实际工作中，我们需要按照以下标准来开展制样和测试工作。它们分别是：《皮革和毛皮 化学试验 含氯苯酚的测定》（GB/T 22808—2021）；《皮革 化学测试 四氯苯酚、三氯苯酚、二氯苯酚、一氯苯酚异构体和五氯苯酚含量的测定》（ISO 17070：2015）。

二、测定原理

首先，将皮革样品进行蒸汽蒸馏。

在被正己烷萃取后，五氯苯酚被乙酸酐乙酰化，采用 GC-ECD（气相色谱-电子捕获检测器）或 GC-MSD（气相色谱-质量选择检测器）分析。量化是采用外标法和一种内标校准来进行的。

三、测试设备和试剂

① 气相色谱仪：带电子捕获检测器（ECD）或质量选择检测器（MSD）。

② 合适的水蒸气蒸馏装置。

③ 振荡器。

④ 分析天平：精确至 0.1mg。

⑤ 反应瓶：带螺口、PTFE 瓶盖的 60mL 棕色储液瓶。

⑥ 1mol/L 硫酸溶液：用量筒缓慢转移 109mL 硫酸到一只含有约 1.5L 水的烧杯中，其间不断地用玻璃棒搅拌，待溶液冷却到室温，将溶液转移到一只 2L 的容量瓶中用水定容到刻度，摇匀，得到 1mol/L 的硫酸溶液。

⑦ 0.1mol/L 碳酸钾溶液：称取 27.6g 无水碳酸钾到一只含有少量水的 2L 的容量瓶中，置于超声波中加速溶解，然后用水定容到刻度，摇匀，得到 0.1mol/L 的碳酸钾溶液。

⑧ 正己烷。

⑨ 乙酸酐。

⑩ 三乙胺。

⑪ 五氯苯酚标准溶液。

⑫ 四氯邻甲氧基苯酚（TCG），内标溶液。

四、测试步骤

1. 试样准备

取样长度 2～3mm，如果皮革是从鞋、服装等成品上取样，需备注清楚。

2. 测试过程

准确称量约 1.0g 皮革样品，置于蒸馏容器内。加入 20mL 1mol/L 的硫酸和 2mg/L TCG 内标液 1mL。将容器内的物质放到合适的蒸汽蒸馏设备上进行蒸馏。

用装有 5g K_2CO_3 的一个 500mL 容量瓶作为接收容器，蒸馏到约 450mL，用水定容至刻度线。

取一只 60mL 棕色储液瓶加入 25mL 馏出液，加入 0.3mL 乙酸酐和 0.1mL 三乙胺，置于振荡器中以 320r/min 振荡 2min，然后继续加入 2mL 正己烷，用手剧烈摇晃并放气泄压，然后置于振荡器中以 320r/min 振荡 30min。振荡结束后，静置约 15min 分层，取约 1mL 上层溶液倒进样瓶中，上机测试。

3. 标准工作溶液的配制

取 5 只 60mL 棕色储液瓶，加入 25mL 0.1mol/L 碳酸钾溶液，加入 0.125mL 2mg/L 的 TCG 标准溶液，同时分别加入 0.005mL、0.05mL、0.1mL、0.2mL、0.3mL 1mg/L 的五氯苯酚标准溶液，混匀。加入 0.3mL 乙酸酐和 0.1mL 三乙胺，置于振荡器中以 320r/min 振荡 2min，然后继续加入 5mL 正己烷，用手剧烈摇晃并放气泄压，然后置于振荡器中 320r/min 振荡 30min。振荡结束后，静置约 15min，取约 1mL 上层溶液倒进样瓶中，所得溶液的浓度分别为 0.001mg/L、0.01mg/L、0.02mg/L、0.04mg/L、0.06mg/L，上机测试。

4. 结果处理

计算样品浓度的公式如下：

$$C_x = C_s \times \frac{V_s}{V_2} \times \frac{V_1}{m} \qquad (2\text{-}7)$$

式中　V_1——蒸馏出的萃取液体积，mL；

　　　V_2——取出用于乙酰化的萃取液的体积，mL；

　　　V_s——加入做液-液萃取正己烷的体积，mL；

　　　m——样品的质量，g；

　　　C_s——样品中含氯苯酚的浓度，mg/L；

　　　C_x——样品中含氯苯酚的质量，mg/kg。

5. 操作注意事项

① 冷凝水下进上出，蒸馏体积不得超过 450mL。

② 不要尝试用手去摇动，因为这可能会产生不正确的结果。

五、任务实施

1. 工作任务单

任务名称	鞋用皮革五氯苯酚含量的测定
任务来源	企业新购进一批皮革，需对其进行检验，测定其是否符合使用要求。
任务要求	检验人员按照相关标准完成皮革中五氯苯酚含量的测定，在工作过程中学习五氯苯酚测定的原理、试样准备、试验操作、仪器检测、报告撰写等相关知识。
任务清单	一、需查阅的相关资料 1.《皮革和毛皮　化学试验　含氯苯酚的测定》(GB/T 22808—2021)； 2.《皮革　化学测试　四氯苯酚、三氯苯酚、二氯苯酚、一氯苯酚异构体和五氯苯酚含量的测定》(ISO 17070：2015)。 二、设计试验方案 根据皮革的性质合理制定测定方案。 三、实践操作 1. 准备测定样品； 2. 对样品进行测定并记录测定数据； 3. 对测定结果进行计算。 四、撰写试验报告 按照规范要求撰写试验报告。

工作任务考核	1. 工作任务参与情况； 2. 方案制定及执行情况； 3. 试验报告完成情况。

2. 鞋用皮革五氯苯酚含量的测定实训报告单

姓名：　　　　　　　　　　专业班级：　　　　　　　　　　日期：

同组人员：

一、试验测试标准说明

二、试样制备的详细情况

三、所选仪器及试剂说明

四、详细试验步骤

五、数据记录

序号	编号	质量/g	含量/(mg/kg)
1			
2			
3			
4			
5			
6			

六、试验结果及分析

校准曲线方程及 R^2：$y=$ _____ ，$R^2=$ _____ 。

任务五　鞋用皮革二甲基甲酰胺含量的测定

一、基础知识

目前聚氨酯合成革生产过程中，主要以二甲基甲酰胺（DMFA）作为涂层聚氨酯溶剂，以赋予皮革表面高质量的覆膜，但该过程导致了较多的 DMFA 残留在革纤维中。尽管生产过程中采用水置换、热烘等工序，以去除革纤维中残留的 DMFA。二甲基甲酰胺可以经呼吸道、皮肤和胃肠道吸收进入体内，对皮肤、黏膜有刺激性，进入人体后可损伤中枢神经系统和肝、肾、胃等重要脏器。

在实际工作中，我们需要按照以下标准来开展制样和测试工作。它们分别是：《鞋类　鞋类和鞋类部件中存在的限量物质　二甲基甲酰胺的测定》（GB/T 33390—2016）；《鞋类　可能存在于鞋类和鞋类部件中的关键物质　定量测定鞋类材料中二甲基甲酰胺的试验方法》（ISO/TS 16189：2013）。

二、测定原理

样品剪碎，甲醇 70℃ 超声萃取。萃取液用 GC-MS 在 SIM 模式下分析。

三、测试设备和试剂

① 可控温的超声波清洗仪；

② 气质联用仪；

③ 样品处理瓶：20mL 顶空瓶，PTFE/SiO₂ 瓶垫，密封性好；

④ 分析天平，精确至 0.1mg；

⑤ 内标：DMFA-d7，甲醇溶剂配制，4℃保存；

⑥ 目标物：DMFA，甲醇溶剂配制，4℃保存；

⑦ 甲醇。

四、测试步骤

1. 试样准备

将聚氨酯（PU）涂层材料样品剪成任意一边长度均不超过 3mm 的试样，最多可以将 3 种 PU 涂层材料（等量）混合在一起测试。

2. 测试过程

称取 1.0g（精确到 0.001g）上述样品于 20mL 顶空瓶中，加入 9mL 优级纯甲醇，并加入 1mL 10mg/L 内标工作液，压盖带有 PTFE/SiO₂ 瓶垫的铝盖，并适当摇动，使样品充分浸润，置于 70℃超声波水浴中，超声提取 60min 后，冷却至室温，用一次性注射器加 0.45μm 滤膜过滤萃取液于 2mL 进样瓶中，供 GC-MSD 测定。

3. 标准工作溶液的配制

将目标物母液逐级稀释成 0.1mg/L、0.3mg/L、1mg/L、3mg/L、10mg/L 并且里面含有 1mg/L 的内标溶液，用 PTFE 材料盖子带棕色小瓶的封存。

4. 结果处理

计算样品浓度的公式如下：

$$C_x = \frac{(V_{is} + V_{Hex})C_1}{m} \tag{2-8}$$

式中　V_{is}——加入的内标工作液（is）的体积，1.0mL；

　　　V_{Hex}——加入甲醇萃取剂的体积，9.0mL；

　　　C_1——萃取液中 DMFA 的浓度，由仪器计算得出，mg/L；

　　　m——样品的质量，g；

　　　C_x——样品中 DMFA 物质的含量，mg/kg。

5. 操作注意事项

① 采用顶空瓶，防止甲醇溶剂挥发。

② 二甲基甲酰胺具有挥发性，样品应密封保存好。

五、任务实施

1. 工作任务单

任务名称	鞋用皮革二甲基甲酰胺含量的测定
任务来源	企业新购进一批皮革，需对其进行检验，测定其是否符合使用要求。
任务要求	检验人员按照相关标准完成皮革中二甲基甲酰胺含量的测定,在工作过程中学习二甲基甲酰胺测定的原理、试样准备、试验操作、仪器检测、报告撰写等相关知识。

任务清单	一、需查阅的相关资料 1.《鞋类 鞋类和鞋类部件中存在的限量物质 二甲基甲酰胺的测定》(GB/T 33390—2016); 2.《鞋类 可能存在于鞋类和鞋类部件中的关键物质 定量测定鞋类材料中二甲基甲酰胺的试验方法》(ISO/TS 16189:2013)。 二、设计试验方案 根据皮革的性质合理制定测定方案。 三、实践操作 1. 准备测定样品; 2. 对样品进行测定并记录测定数据; 3. 对测定结果进行计算。 四、撰写试验报告 按照规范要求撰写试验报告。
工作任务考核	1. 工作任务参与情况; 2. 方案制定及执行情况; 3. 试验报告完成情况。

2. 鞋用皮革二甲基甲酰胺含量的测定实训报告单

姓名: 专业班级: 日期:
同组人员:
一、试验测试标准说明
二、试样制备的详细情况
三、所选仪器及试剂说明

续表

四、详细试验步骤

五、试验结果及分析

　萃取温度_____℃,时间_____min。

序号	编号	质量/g	萃取体积/mL	含量/(mg/kg)
1				
2				
3				
4				
5				
6				

校准曲线方程及 R^2 : $y=$ _____ , $R^2=$ _____ 。

模块三

鞋底材料检测

项目一　微孔鞋底材料检测

 学习目标

知识目标

1. 了解微孔鞋底材料检测的相关指标。

2. 了解微孔材料视密度试验、微孔材料硬度试验、微孔材料压缩变形等测试项目所使用仪器的基本结构。

3. 掌握微孔材料视密度试验、微孔材料硬度试验、微孔材料压缩变形测试项目的测试原理、测试步骤。

能力目标

1. 会根据相关检测标准合理制定检测方案。

2. 会使用游标卡尺、厚度计、硬度计等设备。

3. 会填写测试报告，并对测试结果进行正确判断。

素质目标

1. 培养民族自信，树立大国意识。

2. 弘扬"敢为天下先，爱拼才会赢"的晋江精神，践行"晋江经验"。

任务一　微孔材料视密度试验

微孔鞋底材料与传统实心鞋底材料相比有轻盈舒适、成本较低等优点，且微孔鞋底材料缓冲性能好，对人体足部有很好的保护作用。目前，在运动鞋鞋底中微孔鞋底材料已成为首选材料。微孔材料视密度是微孔鞋底材料检测的指标之一，可以根据化工行业标准《橡塑鞋微孔材料视密度试验方法》（HG/T 2872—2009），来测定微孔材料视密度。

视密度即表观密度，是指在标准温度下单位体积鞋用微孔材料的质量，用兆克每立方米（Mg/m^3）表示。

一、测试设备

测定视密度所需的仪器设备如下。

① 打磨机。用来对测试样品进行打磨。打磨机要求电机驱动砂轮（直径为 150mm），砂轮运行应平稳无颤抖，氧化铝或碳化硅磨面应锋利准确。装有慢速供料装置，可进行极轻微的磨削以避免橡胶过热。砂轮的线速度为 $(11\pm1)m/s$。

② 厚度计。用来测定样品厚度。分度值为 0.01mm，压足直径为 6mm，所施加的压力为 $(22\pm5)kPa$。

③ 天平。用来称量样品质量，分度值为 0.001g。

④ 游标卡尺。用来测量样品尺寸，分度值为 0.02mm。

⑤ 切割试样的锋利刀具和钢直尺。

⑥ 玻璃干燥器。

二、测试样品

对于测试样品有如下几个要求。

① 试样长度为 $(20.0\pm0.5)mm$，宽度为 $(20.0\pm0.5)mm$，厚度为 $(10.0\pm0.3)mm$；若试样厚度不足 10mm，应采用长度为 $(40.0\pm0.5)mm$，宽度为 $(20.0\pm0.5)mm$，厚度为 $(5.0\pm0.3)mm$ 的试样。

② 试样不得有花纹、空洞、凹陷、杂质或表面致密表皮，并应平整。试样的侧面不得呈凹弧状。

③ 在打磨、切取前将试样放置在温度为 $(23\pm2)℃$、相对湿度为 $(50\pm5)\%$ 的环境条件下至少 16h。

三、准备工作

首先应对试样进行打磨。每一次打磨时打磨的深度不得大于 0.2mm，若连续打磨应减小打磨深度以避免橡胶过热。打磨好的试样放到玻璃干燥器内，在温度为 $(23\pm2)℃$、相对湿度为 $(50\pm5)\%$ 的环境条件下至少放置 3h。

四、测试步骤

按以下步骤进行检测。

① 用天平称量试样的质量，精确到 0.001g。

② 用厚度计在试样上任意测量 3 点，取 3 点试样厚度的算术平均值作为试样的厚度，精确到 0.02mm。

③ 用游标卡尺在试样的左、中、右侧测量长度和宽度，取 3 处试样长度的算术平均值为边长，取 3 处试样宽度的算术平均值为边宽，并计算出试样的体积，精确到 0.02mm。对

检测结果进行处理。

按下式计算试样的视密度 ρ，单位为 Mg/m^3。

$$\rho = \frac{m}{V} \times 1000 \tag{3-1}$$

式中 ρ——视密度，Mg/m^3；

m——试样的质量，g；

V——试样的体积，mm^3。

试验结果的表示：每种材料的试样数量不得少于 3 个，取其视密度的算术平均值，精确到小数点后两位；注明试样尺寸，并详细描述在试验过程中出现的任何偏差。

五、试验的注意事项

① 在打磨试样的过程中要注意缓慢打磨，避免因过热而改变材料性质。

② 试验操作过程中注意去除试样表面的气泡。

③ 用锋利的刀和钢直尺对试样按规格垂直切取，应一刀切取，不能多刀切取。

六、任务实施

1. 工作任务单

任务名称	橡塑鞋微孔材料视密度测定
任务来源	企业新开发一款橡塑微孔鞋底，需对其进行视密度测定。
任务要求	检验人员按照相关标准完成样品视密度的测定,在工作过程中学习厚度计、游标卡尺等仪器的使用;能按标准完成试样准备、测试操作、报告撰写等任务。
任务清单	一、需查阅的相关资料 《橡塑鞋微孔材料视密度试验方法》(HG/T 2872—2009)。 二、设计试验方案 根据橡塑鞋微孔材料视密度测定标准拟定测试方案。 三、实践操作 1. 准备测定样品; 2. 对样品进行测定并记录测定数据; 3. 对测定结果进行计算。 四、撰写试验报告 按照规范要求撰写试验报告。
工作任务考核	1. 工作任务参与情况; 2. 方案制定及执行情况; 3. 试验报告完成情况。

2. 橡塑鞋微孔材料视密度测定实训报告单

姓名：	专业班级：	日期：
同组人员：		
一、试验测试标准说明		

二、实验室温度、湿度

　1. 温度：　　　　　　　　　2. 湿度：

三、试样规格

四、测试步骤及结果记录

　1. 测试步骤

　2. 结果记录

（1）试样质量

样品 1：　　　　　　　　　样品 2：　　　　　　　　　样品 3：

（2）试样厚度

样品编号	第 1 点	第 2 点	第 3 点	平均值
样品 1				
样品 2				
样品 3				

（3）试样长度、宽度

样品编号	长度 1	长度 2	长度 3	平均值
样品 1				
样品 2				

样品编号	长度1	长度2	长度3	平均值
样品3				

样品编号	宽度1	宽度2	宽度3	平均值
样品1				
样品2				
样品3				

（4）试样体积

样品1：　　　　　　　样品2：　　　　　　　样品3：

（5）样品视密度结果

样品1：　　　　　　　样品2：　　　　　　　样品3：

平均值：

任务二　微孔材料硬度试验

随着生活水平的不断提高，人们对鞋类舒适度要求也越来越高。鞋底硬度关系到鞋子的穿着舒适性。如果鞋底很硬的话，穿着时会感觉硬邦邦的，让人不舒服。测试微孔材料硬度需依照化工行业标准《鞋用微孔材料硬度试验方法》（HG/T 2489—2007）进行，该方法适用于压缩率为50％时，应力达到0.049MPa以上的鞋用微孔材料硬度的测定。

一、测定原理

鞋用微孔材料硬度的测定是在试验规定负荷的力作用下，将钢制半球形压针压入试样表面，当压足平面与试样表面紧密贴合时，测量压针压入深度，并转换成一定的数值来表示鞋用微孔材料的硬度。

二、测定设备

测定硬度所需的仪器设备如下。

① 硬度计。微孔材料硬度计主要由硬度计数值显示装置、半球形压针、压足及对压针施加压力的弹簧组成。

② 硬度计显示盘。硬度计显示盘为100等分，每一分度值为一个硬度单位，压针端部处于自由状态（即压针完全伸出）时，压针端部距压足为25mm，硬度计数值显示为"0"。

当压针端部与压足处于同一平面上，且压针端部未伸出时，硬度计数值显示为"100"。

③ 压足。压足是硬度计与试样接触的平面，其表面积大于 50mm × 14mm（即 700mm²）。在进行测量时，该平面应与试样均匀平整地接触。

④ 压针。压针头部为直径 5.0mm 的硬质钢球。

⑤ 压力弹簧。对压针所施加的压力与压针伸出压足位移量有恒定的线性关系，其大小与硬度计显示值的关系如下式所示：

$$F_e = 0.0784H_e + 0.539 \tag{3-2}$$

式中　F_e——弹簧施加于微孔材料硬度计压针上的力，N；

　　　H_e——微孔材料硬度计的显示值，度。

⑥ 支架及平台。微孔材料硬度计支架起固定硬度计的作用。支架平台平面应平整、光滑。试验时，硬度计垂直安装在支架上，并沿压针轴线方向加上规定质量的重锤，使试样均匀地受到包括硬度计在内总计为 1kg 的负荷。

三、测试试样

① 去掉试样两面的表皮，试样厚度应均匀一致，表面平整，微孔分布均匀，无机械损伤、花纹、空洞、凹陷、杂质或表面致密表皮等缺陷。

② 打磨试样，使厚度为（10.0±0.5）mm。打磨后的试样要平整，厚度不足 10mm 的允许两片试样叠加，但接触面一定要光滑、平整，总厚度仍应符合试样厚度的规定。

③ 方形试样尺寸不得小于 40mm × 40mm，圆形试样直径不得小于 40mm。

④ 在测试前将试样放置在温度为（23±2）℃，相对湿度为（50±5）％的环境条件下至少 16h。

四、测试步骤

1. 检测准备

① 调节试验环境温度为（23±2）℃、相对湿度为（50±5）％。

② 每个试样的厚度测量点与试样边缘距离不小于 15mm，各测量点之间的距离不小于 15mm，测量不少于 3 点，取算术平均值。

③ 放下压头到平台上，使硬度计在固定负荷重锤作用下，硬度计压足与支架平台完全接触，此时数值显示应为 100。当压针完全离开支架的平台时，应指示为 0 后，拧紧锁紧螺母固定显示盘。

2. 检测步骤

① 把试样置于支架的平台上，使压针头离试样边缘至少 10mm，缓缓放入压头，平稳、无冲击地使硬度计在规定负荷重锤作用下压向试样。在压足与试样完全接触后的 1s 内读数。

② 每个测量点只准确测量一次，同一试样上相隔 10mm 以上的不同部位测量点不可少于 3 点。

五、检测结果与处理

① 微孔材料硬度计显示盘上读得的数即是所测试样的硬度值，取测量值的中位数表示该试样的硬度。

② 硬度用符号 H_e 表示，单位为度。

③ 详细描述在试验过程中出现的所有偏差。

六、任务实施

1. 工作任务单

任务名称	微孔材料硬度试验
任务来源	企业新开发一款橡塑微孔鞋底，需对其进行硬度测定。
任务要求	检验人员按照相关标准规定完成样品硬度的测定，在工作过程中学习硬度计的使用；能按标准完成试样准备、测试操作、报告撰写等任务。
任务清单	一、需查阅的相关资料 1.《橡胶物理试验方法试样制备和调节通用程序》(GB/T 2941—2006)； 2.《鞋用微孔材料硬度试验方法》(HG/T 2489—2007)。 二、设计试验方案 根据鞋用微孔材料硬度试验方法拟定测试方案。 三、实践操作 1. 准备测定样品； 2. 对样品进行测定并记录测定数据； 3. 对测定结果进行计算。 四、撰写试验报告 按照规范要求撰写试验报告。
工作任务考核	1. 工作任务参与情况； 2. 方案制定及执行情况； 3. 试验报告完成情况。

2. 微孔材料硬度试验实训报告单

姓名：	专业班级：	日期：

同组人员：

一、测试标准

二、实验室温度、湿度

1. 温度：   2. 湿度：

三、试样状态和尺寸

四、测试步骤及结果记录

1. 测试步骤

2. 结果记录

试样硬度

样品编号	第 1 点	第 2 点	第 3 点	中位数

任务三　微孔材料压缩变形性能测定

　　鞋底压缩变形性能是国内外鞋类生产企业及消费者关注的重要指标之一，它关系到消费者穿着减震缓冲，是提升穿着的舒适度和延长鞋类使用寿命的主要因素。微孔材料压缩变形检测可以依据化工行业标准《橡塑鞋微孔材料压缩变形试验方法》（HG/T 2876—2009）。

　　压缩变形是指试样在完全卸掉引起压缩变形的外力后，在受力方向上所产生的几何尺寸的变化率。在测试时将橡塑鞋微孔材料制成标准试样，在压缩夹具上经过一定时间的压缩后，测定其压缩变形的性能。

一、测试设备

1. 压缩夹具装置

① 上、下夹板宽为 25mm，厚为 10mm 以上，两环形限位器之间的间距 A 为 100mm，

其表面粗糙度 $R_a = 0.80$，应镀铬抛光。

② 环形限位器高度为 (5.00±0.02)mm。

2. 厚度计

分度值为 0.01mm，符合 GB/T 2941—2006 的规定，压足直径为 6mm，所施加的压力为 (22±5)kPa，质量为 63g。

3. 游标卡尺

分度值为 0.02mm。

4. 计时器

钟或表，连续计时不小于 100h，分度值为 1min。

5. 切割工具

锋利刀具及钢直尺，用于切割试样。

二、样品要求

① 试样的长和宽各为 (20.0±0.5)mm，厚为 (10.0±0.2)mm，成品鞋可在微孔底跟部取样。

② 每个样品的试样不少于 3 个，同一组试样的厚度相差不大于 0.1mm，长、宽相差不大于 0.5mm。

③ 试样厚度不足 10mm 的，可两层贴合。待停放 2h 后制成试样。其试验结果不能和标准试样的试验结果相比。

④ 试样表面应平整，不得呈凹弧状，不得有花纹、空洞、凹陷、杂质或表面致密表皮。

⑤ 在打磨、切取前将试样放置在温度为 (23±2)℃、相对湿度为 (50±5)% 的环境条件下至少 16h。

三、检测步骤

① 准备试样：调节试验环境温度为 (23±2)℃，相对湿度为 (50±5)%，在此条件下打磨试样，每一次打磨时的深度不得大于 0.2mm，如连续打磨应减小打磨深度以避免橡胶过热。

② 将试样编号，并测量试样的长、宽、厚。

③ 试样的长度和宽度用游标卡尺测量，精确到 0.02mm。

④ 试样压缩前后的厚度用厚度计测量，精确到 0.01mm。

⑤ 将试样置于夹具中，拧紧螺帽至环形限位器。

⑥ 压缩时间为 (72±2)h，到时间后取出试样，停放 2h，再测量试样恢复后的高度。

四、结果与处理

1. 按公式计算试样的压缩变形率 K

$$K = \frac{H_0 - H}{H_0} \times 100\% \tag{3-3}$$

式中　K——压缩变形率；

　　H_0——试样试验前的高度，mm；

　　H——试样试验结束经停放后的高度，mm。

取 3 个试样压缩变形率的算术平均值为试验结果，精确到小数点后一位。

2. 精确记录每次试验的温度、相对湿度和试验时间，详细描述在试验过程中出现的所有偏差。

五、注意事项

① 在试样受压过程中，要注意试验环境条件的变化，如超过规定范围，应做出说明。

② 对于一些打磨后容易变形的微孔材料，应在试验结果中标明具体情况。

③ 试样的压缩面应与成品鞋使用时的受压面一致。

④ 通过黏合达到试样高度的检测结果不能和标准试样的试验结果相比。

⑤ 试样在夹具内应有足够的间距，在压缩试样时不能使试样之间相互接触。

六、任务实施

1. 工作任务单

任务名称	橡塑鞋微孔材料压缩变形性能测定
任务来源	企业新开发一款橡塑微孔鞋底，需对其进行压缩变形测定。
任务要求	检验人员按照相关标准完成样品压缩变形的测定，在工作过程中学习压缩夹具、厚度计、游标卡尺等仪器的使用；能按标准完成试样准备、测试操作、报告撰写等任务。
任务清单	一、需查阅的相关资料 《橡塑鞋微孔材料压缩变形试验方法》（HG/T 2876—2009）。 二、设计试验方案 根据橡塑鞋微孔材料压缩变形测定标准拟定测试方案。 三、实践操作 1. 准备测定样品； 2. 对样品进行测定并记录测定数据； 3. 对测定结果进行计算。 四、撰写试验报告 按照规范要求撰写试验报告。
工作任务考核	1. 工作任务参与情况； 2. 方案制定及执行情况； 3. 试验报告完成情况。

2. 橡塑鞋微孔材料压缩变形性能测定实训报告单

姓名：	专业班级：	日期：
同组人员：		

一、试验测试标准说明

续表

二、实验室温度、湿度

1. 温度：　　　　　　　　　2. 湿度：

三、试样规格

四、测试步骤及结果记录

1. 测试步骤

2. 结果记录

（1）试样长度、宽度（精确到 0.02mm）

样品编号	长度	宽度
样品 1		
样品 2		
样品 3		

（2）试样压缩前厚度（精确到 0.01mm）

样品编号	第 1 点	第 2 点	第 3 点	平均值
样品 1				
样品 2				
样品 3				

续表

（3）试样压缩后恢复高度（精确到 0.01mm）

样品编号	第 1 点	第 2 点	第 3 点	平均值
样品 1				
样品 2				
样品 3				

（4）样品压缩变形测试结果

样品 1：　　　　　样品 2：　　　　　样品 3：

平均值：

项目二　硫化橡胶鞋底性能检测

 学习目标

知识目标

1. 了解硫化橡胶鞋底性能检测的相关指标。

2. 了解未硫化橡胶门尼黏度、硫化橡胶密度、硫化橡胶硬度等测试项目所使用仪器的基本结构。

3. 掌握未硫化橡胶门尼黏度、硫化橡胶密度、硫化橡胶硬度等测试项目的测试原理、测试步骤。

4. 了解硫化橡胶鞋底性能测试结果的影响因素。

能力目标

1. 会根据相关检测国家标准合理制定检测方案。

2. 会操作门尼黏度仪、密度天平、万能拉力机、DIN 磨损试验机等检测设备。

3. 会填写测试报告，并对测试结果进行正确判断。

素质目标

1. 培养爱国情怀，增强民族自信，树立使命感。

2. 培养乐于奉献、独立思考、辩证思维的职业素养。

硫化橡胶是鞋底的主要材料之一。硫化橡胶不仅具有高弹性、高耐磨性和耐屈挠性，同时还具有不透水、耐酸碱和绝缘性等优点。用它做成的鞋类外底轻便而柔软、摩擦损耗小，可经受多次弯曲、拉伸和压缩而不受到破坏。因而它是一种良好的鞋类外底材料，可满足各种鞋的特点和要求，在制鞋工业中有着广泛的应用。

鞋用硫化橡胶的检验方法有感官检验和物理力学性能检验。感官检验是靠感觉来检验制品的外观质量，往往会有一定的片面性和主观性。鞋用硫化橡胶的力学性能和内在质量必须通过物理力学性能检验，才具有充分的说服力。

本项目主要介绍以橡胶为主体材料，用于一般运动和日常穿用的单色及多色鞋底检测的物理力学性能检测项目，包括门尼黏度、密度、硬度、拉伸性能、耐磨性能等八个任务点。

任务一 未硫化橡胶门尼黏度的测定

一、基础知识

黏度是反映分子间摩擦力大小，即分子间作用力大小的参数。因而黏度是大分子本身特性因素即分子量大小的反映。在橡胶工业生产中，普遍采用 1934 年美国人门尼（Mooney）发明的门尼黏度计来测定黏度，从而表示橡胶塑性大小，该黏度称为门尼黏度。它不同于我们一般所讲的液体的黏度。从门尼黏度的大小，我们可以预知橡胶塑性大小、加工性能和物理力学性能的好坏。门尼黏度越高，分子量越高，塑性越小；反之，则分子量越低，塑性越大。合理地控制橡胶门尼黏度值有利于橡胶的混炼、压延、挤出、注射和模压硫化等加工工艺，使硫化胶具备良好的物理力学性能。

在实际工作中，我们需要按照以下标准来开展制样和测试工作。它们分别是：《天然、合成生胶取样及其制样方法》（GB/T 15340—2008）；《橡胶试验胶料 配料、混炼和硫化设备及操作程序》（GB/T 6038—2006）；《橡胶物理试验方法试样制备和调节通用程序》（GB/T 2941—2006）以及《未硫化橡胶 用圆盘剪切黏度计进行测定 第 1 部分：门尼黏度的测定》（GB/T 1232.1—2016）。

二、测定原理

门尼黏度的测定原理是在特定的条件（温度、时间、压力、旋转速度）下，使充满试样的模腔中的转子转动。测定其所需的转动力矩（即试样对转子所产生的剪切阻力矩），并将此力矩以门尼黏度为单位予以记录。

三、测试设备

门尼黏度仪是测试橡胶黏度或塑性最广泛的测试设备，如图 3-1 所示。门尼黏度仪的核心结构由转子、模腔、加热控温系统和转矩测量系统组成。

转子有大转子和小转子两种规格，如图 3-2 所示。试验中一般使用大转子，但试样的黏度较高时，允许使用小转子。同一胶料小转子与大转子所得试验结果是不相等的。但是在比较不同胶料黏度时，同一转子能得出相同的结论。

图 3-1 门尼黏度仪

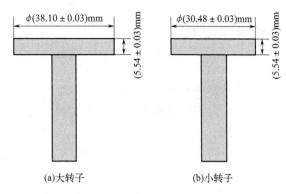

(a)大转子　　　　　　(b)小转子

图 3-2 大转子和小转子

四、测试实例——天然橡胶塑炼胶门尼黏度的测定

1. 试样准备

调节开炼机辊距至（1.3±0.15)mm。使辊温保持在（70±5)℃。检查开炼机紧急制动装置。取（250±5)g（精确至0.1g）的天然橡胶。注意：天然胶过辊时，从第二次到第九次过辊应把橡胶卷起来、竖立放入辊筒间，以防止气泡产生，第十次过辊后，应趁热将胶折叠成规定的厚度。裁取两个直径约 ϕ50mm（45～55mm）试样，厚度6～8mm的圆形胶片，在其中一片的中心打一个直径 ϕ8～10mm的圆孔。试样不应有杂质和气泡。表面应平整，尽可能排除与转子和模腔接触处产生贮气的凹槽，试样加工后，在试验条件下静置0.5h以上后进行试验，不准超过24h。门尼黏度测定试样的制备方法如表3-1所示。

表 3-1　门尼黏度测定试样的制备方法

胶种	开炼机辊温/℃	辊距/mm	过辊次数/次
NR[①]	70±5	1.3±0.15	10
BR　EPDM	35±5	1.4±0.10	10
IIR、BIIR、CIIR[②]			
其他合成胶、炭黑母炼胶、混炼胶及再生胶[③]	50±5	1.4±0.10	10

① 天然胶过辊时，从第二次到第九次过辊应把橡胶卷起，竖立放入辊筒间，为防止气泡产生，第十次过辊后，无论天然胶或合成胶都应趁热将胶折叠成规定的厚度。

② 丁基胶（IIR、BIIR、CIIR）从生胶中直接取样。

③ 不过辊直接取样。

2. 测试过程

检查设备仪器，准备相关工具。

开机，进行相关参数设定［输入胶料名称：天然橡胶；检测模式：门尼黏度测试；测试温度：100℃；测试时间：ML（1+4)❶ 等］。把模腔和转子预热到试验温度，并使其达到稳定状态，门尼黏度计在带转子空载转动时，记录仪上的门尼值读数应在0±0.5范围内。

打开模腔，将转子杆插入带孔试样的中心孔内，并把转子放入下模，然后再把另一个试

---

❶ ML（1+4)指门尼黏度仪预热1min，运行4min。

样准确地放在转子上面,迅速密闭模腔预热试样,一般预热的时间为 1min(也可以根据需要采用其他预热时间)。

仪器预热完毕后,取出转子时可按弹出键将转子弹出,取出转子后需将其复位。测定低黏度或发黏试样时,可以在试样与模腔之间衬以玻璃纸,以防试样污染模腔。

试样达到预热时间后,立即使转子转动,若不用记录仪连续记录门尼值,则应在规定的读数时间前 30s 内连续观测刻度盘上的示值,并将这段时间的最低门尼值作为该试样的黏度。读数精确到 0.5 门尼值。

打开模腔,将转子杆插入胶片的中心孔内,并将转子放入黏度仪模腔中。再将未打孔的胶片准确地放在转子上面。

迅速关闭模腔,开始计时,将胶料预热 1min。达到预热时间后,转动转子,测试 4min。电脑自动处理数据或曲线,可直接打印曲线和结果,打开保护罩,使上下模腔分开。

取出转子。取下测试完的试样,清理转子上残留的胶料颗粒并清理模腔。

关闭测试软件,关闭电脑。合上门尼黏度仪保护罩,关闭仪器电源。关闭仪器及电脑排插电源。关闭空压机及排插电源。

关闭总电源,结束试验。清理现场并做好相关试验使用记录。

不同胶种的试验条件见表 3-2。

表 3-2 不同胶种的试验条件

胶种	试验温度/℃	转子转动时间/min
NR	100	4
EPDM EPM	125	4
IIR、BIIR、CIIR	100 或 125①	8
其他合成胶、炭黑母炼胶、混炼胶及再生胶	100	4

① 若试样黏度高于 60ML(1+8)100℃时,应选用 125℃ 的试验温度。

3. 结果处理

一般以转动 4min 的门尼黏度值表示试样的黏度,并用 ML(1+4)100℃表示。其中 M 表示门尼黏度值;L 表示大转子;1 表示预热 1min;4 表示转动 4min;100℃表示试验温度 100℃。

读数精确到 0.5 个门尼黏度值,试验结果精确到整数位,用不少于 2 个门尼黏度值的试样试验结果算术平均值表示样品的黏度。两个试样结果相差不得大于 2 门尼黏度值。否则作废。

4. 门尼黏度仪的操作注意事项

① 插入转子时要特别注意转子高度,以免合模后损坏转子。

② 模腔和转子要经常清洁,特别是沟槽部分要清理干净,保持其几何形状的完整性,每次试验结束后,要彻底清理干净。

③ 油雾器要定期加油,一般加至盛油瓶的 2/3 高度处。

④ 转子高度的调节,用手压紧转子,松开锁紧螺母,用螺丝刀调节螺杆,保证尺寸为 2.77mm,然后旋紧螺母。

⑤ 若发现密封圈损坏或漏胶,应及时更换密封圈,并清洗空心主轴内残余的胶料。

五、任务实施

1. 工作任务单

任务名称	天然橡胶塑炼胶门尼黏度的测定
任务来源	企业新购进一批天然橡胶,需对其进行检验,测定其是否符合使用要求。
任务要求	检验人员按照相关标准完成天然橡胶塑炼胶门尼黏度的测定,在工作过程中学习门尼黏度测定的原理、试样准备、仪器操作、报告撰写等相关知识。
任务清单	一、需查阅的相关资料 1.《天然、合成生胶取样及其制样方法》(GB/T 15340—2008); 2.《橡胶试验胶料　配料、混炼和硫化设备及操作程序》(GB/T 6038—2006); 3.《橡胶物理试验方法试样制备和调节通用程序》(GB/T 2941—2006); 4.《未硫化橡胶　用圆盘剪切黏度计进行测定　第1部分:门尼黏度的测定》(GB/T 1232.1—2016)。 二、设计试验方案 根据天然橡胶的性质合理制定测定方案。 三、实践操作 1. 准备测定样品; 2. 对样品进行测定并记录测定数据; 3. 对测定结果进行计算。 四、撰写试验报告 按照规范要求撰写试验报告。
工作任务考核	1. 工作任务参与情况; 2. 方案制定及执行情况; 3. 试验报告完成情况。

2. 天然橡胶塑炼胶门尼黏度的测定实训报告单

姓名： 专业班级： 组号： 同组人员：
一、试验测试标准说明
二、塑炼胶样品的详细说明和标志

续表

三、试样制备的详细情况
四、所选仪器说明
五、详细试验条件及试验步骤
六、试验结果及分析

任务二 硫化橡胶密度的测定

测定橡胶的密度是十分必要的，可以初步估计橡胶的类型和质量，计算橡胶的质量和体积。如判断混炼胶中配合剂分散是否均匀，可以从相对密度值的均匀程度得出，磨耗试验需用密度来计算试验结果。测定橡胶密度的方法很多，本任务主要介绍测定橡胶密度的两种方法。在实际工作中，我们可以按照《硫化橡胶或热塑性橡胶 密度的测定》（GB/T 533—2008）标准进行硫化橡胶密度的测定。

一、浮力法测密度

1. 试验原理

相对密度仪是根据高分子材料在液体中的浮力（若高分子材料的密度与液体相等时则悬在液体当中）和平行力系的力矩平衡原理加以设计制造的。其试片相对密度 d 与测量机构的转角 α 之间存在线性关系，即 $d=\psi（\alpha）$。

2. 试验仪器及样品

（1）相对密度仪

相对密度仪的结构如图 3-3 所示。

（2）试样

试样可为任意形状，质量需在 $3.5\sim12\mathrm{g}$ 范围内。试样不得有气泡，表面不应有漆膜、油污或杂质。

3. 试验步骤

① 取试样，用蒸馏水润湿试样表面（或用乙醇等其他溶剂，但不能引起材料膨胀）。

② 从梁上取下圆形针锤及三棱针，将三棱针插入试片后放回原处。

③ 调整长臂上的两个砝码，使其指在"0"处。前一砝码为粗调，后一砝码为细调，调整时可先将左上角的滚花螺母拧紧锁住指针，调好后再松开。

④ 将烧杯内装满蒸馏水，放在托盘上，向

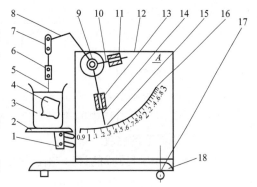

图 3-3　相对密度仪的结构

1—抬起机构；2—托盘；3—烧杯；4—试片；
5—针；6—插针座；7—锤钩；8—梁；9—滚动轴承；
10—短臂；11—两个螺丝砝码；12—刻度盘；
13—两个滑动砝码；14—长臂；15—指针；
16—刻度线；17—水平调整螺丝；18—底座

上轻轻移动，使试样完全浸泡在蒸馏水中，不得碰靠烧杯，插针座不得接触水，试样周围不能有气泡。此时刻度盘上指示的数值即为试样的相对密度。

二、浸渍法测密度

1. 测定原理

试样在规定温度的浸渍液中，所受到的浮力大小等于试样排开浸渍液的体积与浸渍液密度的乘积。而浮力的大小可以通过测量试样的质量与试样在浸渍液中的表观质量计算求得。

2. 仪器及试样

（1）仪器

① 分析天平：为测密度而专门设计的仪器，精确到 $0.1\mathrm{mg}$。

② 浸渍容器：烧杯或其他适于盛放浸渍液的大口径容器。

③ 固定支架：如容器支架，可将浸渍容器支放在水平面板上。

④ 温度计：最小分度值为 $0.1\mathrm{℃}$，测量范围为 $0\sim30\mathrm{℃}$。

⑤ 金属丝：具有耐腐蚀性，直径不大于 $0.5\mathrm{mm}$，用于浸渍液中悬挂试样。

⑥ 重锤：具有适当的质量，当试样的密度小于浸渍液的密度时，可将重锤悬挂在试样托盘下端，使试样完全没在浸渍液中。

（2）浸渍液

在测试过程中，采用新鲜的蒸馏水或去离子水，或其他适宜的液体，试样与该液体或溶液接触时，对试样应无影响，且可以加入不大于 0.1％的润湿剂以除去浸渍液中的气泡。

（3）试样

试样为除粉料以外的任何无气孔材料，试样尺寸应适宜，从而在样品和浸渍液容器之间产生足够的间隙，质量应至少为 1g。当从较大的样品中切取试样时，应使用合适的设备以确保材料性能不发生变化。试样表面应光滑，无凹陷，以减少浸渍液中试样表面凹陷处可能存留的气泡，否则就会引入误差。

由 $V\rho_0 = m_1 - m_2$ 得

$$V = \frac{m_1 - m_2}{\rho_0} \tag{3-4}$$

式中　V——试样的体积，cm^3；

　　m_1——试样的质量，g；

　　m_2——试样在浸渍液中的表观质量，g；

　　ρ_0——浸渍液的密度，g/cm^3。

试样的体积和质量均可测得，则试样的密度即可求出。

$$\rho = \frac{m}{V} = \frac{m\rho_0}{m_1 - m_2} \tag{3-5}$$

3. 操作步骤

在空气中称量由一直径不大于 0.5mm 的金属丝悬挂着的试样的质量。试样质量不大于 10g 时，精确到 0.1mg；试样质量大于 10g 时，精确到 1mg，并记录试样的质量。将用细金属丝悬挂着的试样浸入放在固定支架上装满浸渍液的烧杯里，浸渍液的温度应为（23±2）℃〔或（27±2）℃〕。用细金属丝除去黏附在试样上的气泡。称量试样在浸渍液中的质量，精确到 0.1mg。

如果在温度控制的环境中测试，整个仪器的温度，包括浸渍液的温度都应控制在（23±2）℃〔或（27±2）℃〕范围内。

4. 注意事项

① 标准环境温度下，准备好试样，试样表面应平整、清洁、无裂缝、无气泡等缺陷，尺寸适宜，在空气中称量，一般为 1～3g，并称量金属丝质量，试样表面不能黏附气泡。

② 用直径小于 0.5mm 的金属丝悬挂试样，试样全部浸入浸渍液中，将金属丝挂在天平上进行称量。

③ 浸渍液放在固定支架上的烧杯或容器里，浸渍液的温度控制在（23±1）℃。

④ 称量金属丝与重锤在浸渍液中的质量。

⑤ 若试样密度小于 $1g/cm^3$，需加一小铜锤或不锈钢锤，使试样能浸没于浸渍液中。

⑥ 浸渍液选用新鲜蒸馏水或其他不与试样作用的液体，必要时可加入几滴湿润剂，以除去气泡。

5. 结果计算

按下式计算 23℃或 27℃时试样的密度：

$$\rho_S = \frac{m_{S,A}\rho_{IL}}{m_{S,A} - m_{S,IL}} \tag{3-6}$$

式中　ρ_S——23℃或27℃时试样的密度，g/cm³；

　　$m_{S,A}$——试样在空气中的质量，g；

　　$m_{S,IL}$——试样在浸渍液中的表观质量，g；

　　ρ_{IL}——23℃或27℃时浸渍液的密度，g/cm³。

　　对于密度小于浸渍液密度的试样，除下述操作外，其他步骤与上述方法完全相同。在浸渍期间，将重锤挂在细金属丝上，随试样一起沉入液面下。在浸渍时，重锤可以看作是悬挂金属丝的一部分。在这种情况下，浸渍液对重锤产生向上的浮力是允许的。

　　试样的密度用下式来计算：

$$\rho_S = \frac{m_{S,A}\rho_{IL}}{m_{S,A} + m_{K,IL} - m_{S+K,IL}} \tag{3-7}$$

式中　ρ_S——23℃或27℃时试样的密度，g/cm³；

　　$m_{K,IL}$——重锤在浸渍液中的表观质量，g；

　　$m_{S+K,IL}$——试样加重锤在浸渍液中的表观质量，g。

　　$m_{S,A}$——试样在空气中的质量，g；

　　ρ_{IL}——23℃或27℃时浸渍液的密度，g/cm³。

　　对每个试样的密度，至少进行三次测定，取平均值作为试验结果，结果保留到小数点后第三位。

三、任务实施

1. 工作任务单

任务名称	硫化橡胶密度的测定
任务来源	生产车间新制备了一批混炼胶，需对其进行质量检验，测定其是否符合使用要求。
任务要求	检验人员按照相关标准完成橡胶密度的测定，在工作过程中学习密度测定的原理、试样准备、仪器操作、报告撰写等相关知识。
任务清单	一、需查阅的相关资料 《硫化橡胶或热塑性橡胶　密度的测定》(GB/T 533—2008)。 二、设计试验方案 根据国家标准合理制定测定方案。 三、实践操作 1. 准备测定样品； 2. 对样品进行测定并记录测定数据； 3. 对测定结果进行计算。 四、撰写试验报告 按照规范要求撰写试验报告。
工作任务考核	1. 工作任务参与情况； 2. 方案制定及执行情况； 3. 试验报告完成情况。

2. 硫化橡胶密度的测定实训报告单

姓名：	专业班级：	日期：

同组人员：

一、试验测试标准说明

二、样品的详细说明和标志

三、试样制备的详细情况

四、所选仪器说明

五、详细试验条件及试验步骤

续表

六、试验结果及分析

任务三 硫化橡胶硬度的测定

鞋底硬度的大小直接影响鞋子的舒适性和安全性，若鞋底太软，走路时鞋底容易变形，时间一长，人的腰、腿和脚部都会感到疲劳，影响人的身心健康。但如果鞋底太硬，走路过程中不容易弯折，穿着的舒适度也会降低，所以鞋底硬度是成鞋检测中最重要的指标之一。测试成鞋鞋底硬度可根据标准《鞋类 整鞋试验方法 硬度》（GB/T 3903.4—2017）进行。

一、基础知识

橡胶的硬度表示其抵抗外力压入即反抗压缩变形的能力，其值大小可表征橡胶的软硬程度，是橡胶的一项重要基础物理力学性能。目前测定硬度的仪器从结构上总体可分为两大类，一类是弹簧式硬度计（邵氏硬度计），一类是定负荷式硬度计。其中定负荷式硬度计负荷固定，测量过程可减少人为误差，结果更精确，但携带不方便。而邵氏硬度计结构简单，操作、携带方便。在实际工作中也常选用邵氏硬度计来测定鞋底的硬度。

二、测试原理

压入硬度试验即测量规定形状的压针在一定的条件下压入橡胶的深度，最后换算为一定的硬度单位表示出来。如邵氏硬度计测定的是压针压入深度与压针露出长度之差对压针露出长度的百分比。对于一种流动性很好的材料压针压入深度 $T=2.5\text{mm}$，所以邵氏硬度 h 为 0，对于刚性材料 $T=0$，$h=100$，硬度范围 0～100，测定最佳范围在 20～90。

三、仪器与试样

目前国际上有多种橡胶硬度计，总的可分为两大类，一类是圆锥形平端针压头（压针），如邵氏硬度计；二是圆球形压头，如国际橡胶硬度计（IRHD）、赵氏硬度计等。两者的共同点是在一定力（弹簧或定负荷砝码）的作用下，测量橡胶的抗压性能。不同的是，除了压针形状不同外，加入负荷的形式也不同，前者为动负荷，后者为定负荷。我国测定橡胶硬度一般采用邵氏硬度，邵氏硬度又分为 A、C、D 等几个型号，邵氏（Shore A）型硬度计可测量软质橡胶，邵氏 C 型硬度计可测量半硬质橡胶，邵氏 D 型硬度计可测量硬质橡胶。

硬度计按形式可分为台式和手提式，台式硬度计使用支架固定硬度计或在压针轴上用砝码加力使压足和试样接触，或两种方法兼用，可以提高测量准确度。对于邵氏硬度计，A

型推荐使用 1kg 砝码加力，D 型推荐使用 5kg 砝码加力。台式硬度计由底座、工作台面、压针、刻度表、砝码和主柱等组成。

手提式硬度计具有结构简单、使用方便、型小体轻、读数直观等特点。

邵氏 A 型硬度计（手提式）如图 3-4 所示，邵氏 D 型硬度计（手提式）如图 3-5 所示，A 型和 D 型邵氏硬度计由以下部件构成。

① 压座：中心有一直径（3±0.5)mm 的孔，离压座的任一边至少 6mm。

② 压针：由直径为（1.25±0.15)mm 的硬化钢制成。

③ 指示装置：可读取压针顶端伸出压座的长度，当压针全部伸出（2.50±0.04)mm 时指示为 0，压座和压针与平面玻璃紧密接触，伸出值为 0mm，指示为 100，方可直接读数。

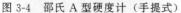

图 3-4　邵氏 A 型硬度计（手提式）　　　图 3-5　邵氏 D 型硬度计（手提式）

硬度测试试样应是表面光滑、平行的薄板或尺寸足够的试块，以消除边界效应对试验结果的影响。试样的厚度至少为 4mm，可以用较薄的几层叠合成所需的厚度。由于各层之间的表面接触不完全，因此，试验结果可能与单片试样所测结果不同。试样的尺寸应足够大，以保证在离任一边缘至少 9mm 处进行测量，除非在已知离边缘较小的距离进行测量所得结果相同。试样表面应平整，压座与试样接触时覆盖的区域至少离压针顶端有 6mm。应避免在弯曲的、不平的或粗糙的表面上测量硬度。材料的硬度与相对湿度无关时，硬度计和试样应在试验温度下状态调节 1h 以上。对于硬度与相对湿度有关的材料，试样应按相应的材料标准进行状态调节。

四、测试步骤

1. 准备试样

需要注意以下几点：每组试样不少于一双整鞋或鞋底（鞋跟），硫化鞋至少在硫化 16h 后进行试验；试样应该按照《鞋类　鞋类和鞋类部件环境调节及试验用标准环境》（GB/T 22049—2019）的规定，在标准环境温度（23±2)℃下放置至少 4h，并在此条件下完成测试；应选择主体材料表面的平整处作为测试部位，若无平整处，应对其进行打磨；有杂物应用纱布蘸取酒精擦净。

2. 选择硬度计

用来测定橡胶硬度的硬度计通常有两种：一种是邵氏 A 型硬度计，用来测量橡胶或软的塑料的硬度；另一种是邵氏 D 型硬度计，用来测量硬质的塑胶材料的硬度。这两种硬度计的区别在于它们的压针不同。使用时注意如果用邵氏 A 型硬度计测得硬度大于 90 时，改用邵氏 D 型硬度计，用邵氏 D 型硬度计测得硬度小于 20 时，改用邵氏 A 型硬度计。

3. 校准硬度计

硬度计的校准需要校准 0 和 100 两个点。先校准 0 点，然后再用硬质材料（通常是玻璃），将压针全部压入，指针应指在 100。

4. 将压针压向试样

被测部位朝上保持表面水平匀速、无振动地将压足压到试样上，压足与试样表面平行。压针垂直于试样表面。距离试样边缘不少于 12mm，并在压足与试样完全接触 3s 后读数。

5. 测试并记录数据

每个试样至少测试 3 个点，每个测量点只能测一次硬度，点与点之间的距离不小于 6mm。

6. 对数据进行取舍并填写报告

测定值与平均值的相对偏差的绝对值应不大于 5％，若超出应舍掉，并补测。最后结果取整数。

五、测试报告的填写

测试报告至少应包括以下内容：
① 测试标准编号；
② 试样的详细描述，包括但不限于试样编号、名称、材质、规格、货号、测试部位等；
③ 硬度计类型；
④ 试验结果；
⑤ 对测试部位及其表面处理方法的描述；
⑥ 是否使用支架；
⑦ 试验人员及试验日期；
⑧ 本试验方法的所有偏差。

六、任务实施

1. 工作任务单

任务名称	硫化橡胶硬度的测定
任务来源	生产车间新制备了一批橡胶鞋底，需对其进行检验，测定其是否符合使用要求。
任务要求	检验人员按照相关标准完成橡胶硬度的测定，在工作过程中学习硬度测定的原理、试样准备、仪器操作、报告撰写等相关知识。
任务清单	一、需查阅的相关资料 《鞋类　整鞋试验方法　硬度》(GB/T 3903.4—2017)。 二、设计试验方案 根据国家标准合理制定测定方案。 三、实践操作 1. 准备测定样品； 2. 对样品进行测定并记录测定数据； 3. 对测定结果进行计算。

续表

任务清单	四、撰写试验报告 按照规范要求撰写试验报告。
工作任务考核	1. 工作任务参与情况； 2. 方案制定及执行情况； 3. 试验报告完成情况。

2. 硫化橡胶硬度的测定实训报告单

姓名：　　　　　专业班级：　　　　　组号： 同组人员：
一、试验测试标准说明
二、样品的详细说明和标志
三、试样制备的详细情况
四、所选仪器说明

五、详细试验条件及试验步骤

六、实验结果及分析

试样编号	测试记录(邵氏 A 型硬度计)			测试结果(邵氏 A 型硬度计)
	1	2	3	

注:测试结果为不同位置 3 次测量值的中值,取整数。

任务四　硫化橡胶和热塑性橡胶拉伸性能的测定

橡胶的拉伸性能试验是橡胶物理性能试验中最普遍也是最重要的项目,通过简单的拉伸试验可侧面评估橡胶的其他力学性能,可依此评定产品的达标情况和硫化情况,对橡胶的生产工艺进行控制和调整。因此,拉伸性能测定是橡胶测试的重要常规项目之一。在实际工作中可根据标准《硫化橡胶或热塑性橡胶　拉伸应力应变性能的测定》(GB/T 528—2009)或《硬质橡胶　拉伸强度和拉断伸长率的测定》(HG/T 3849—2008)来开展硫化橡胶和热塑性橡胶拉伸性能的测定工作。

一、测试设备

测定硫化橡胶拉伸性能用的是拉力试验机，更换夹持器后，可进行拉伸、压缩、弯曲、剪切、剥离和撕裂等力学性能试验。附加高温和低温装置即可进行高温或低温条件下的力学性能试验。

图 3-6 万能电子拉力试验机

目前，测定硫化胶试样的拉伸性能多采用万能电子拉力试验机，如图 3-6 所示。

试验机基本是由机架、测伸装置和控制台组成的。机架包括引导活动十字头的两根主柱，十字头用两根丝杠传动，而丝杠由交流电机和变速箱控制。电机与变速箱用皮带和皮带轮连接。通过操作伺服控制键盘可以实现上升、下降、复位、变速、停止等动作。

1. 测力系统

测力系统采用无惰性的负荷传感器，可以根据测量的需要更换传感器，以适应测量精度范围。由于测量不采用杠杆和摆锤，所以减少了机械摩擦和惰性，从而大大提高了测量精度。

2. 测伸长装置

（1）红外线非接触式伸长计

这种伸长计是在跟踪器上采用了红外线技术，可以自动寻找、探测和跟踪加在试样上的标记，这种红外线非接触式伸长计操作简便，适用于生产质量控制试验，如图 3-7 所示。

（2）接触式伸长计

其原理与非接触式伸长计相似。它是采用了两个接触式夹头夹在试样标线上，其接触压力约为0.50N，当试样伸长时带动两个夹持在试样标线的夹头移动，这两个夹头由两条绳索与一个多圈电位器相连，两个夹头的位移使绳索的抽出量发生变化，也就改变了电位器的阻值，因而也改变了代表应变值的能

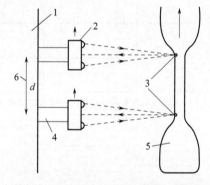

图 3-7 红外线非接触式伸长计原理图
1—伸长测定装置机身；2—上跟踪头；3—标记；
4—下跟踪头；5—试样；6—伸长累积转换器

量，其数值由记录或显示装置示出，这种接触式伸长计在很多拉力试验机上都已采用。

二、试样准备

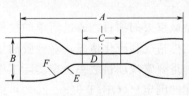

图 3-8 哑铃形试样

① 硫化完毕的试片，在室温下停放 6h 后，选用标准裁刀裁切出哑铃形试样。裁刀分为 1、2、3、4 型。其中 1 型为通用型，根据胶料的具体情况选用合适的裁刀。裁刀各部位具体尺寸见图 3-8 和表 3-3。

表 3-3　裁刀各部位尺寸　　　　　　　　　　　　　　　　单位：mm

部位	1 型	2 型	3 型	4 型
总长(A)	115	75	110	60
端头宽度(B)	25±1	12.5±1.0	25±1	4.0±0.5
两工作标线间距离(C)	25±0.5	25±0.5	25±0.5	25±0.5
工作部分宽度(D)	6.0±0.40	4.0±0.1	3.2±0.1	1.0±0.1
小半径(E)	14±1	8.0±0.5	14±1	30±1
大半径(F)	25±2	12.5±1.0	20±1	—
厚度	2.00±0.03	2.00±0.03	2.00±0.03	1.00±0.10

② 1、2、3 型试样应从厚度为 (2.00±0.03)mm 的硫化胶片上裁切。4 型试样应从厚度为 (1.00±0.10)mm 的硫化胶片上裁切。

③ 试样裁切时，应保证其拉伸受力方向与压延方向一致，裁切时用力要均匀，并以中性肥皂水或洁净的自来水湿润试片（或刀具）。若试样一次裁不下来，应舍弃之，不得重复旧痕裁切，否则影响试样的规则性。此外，为了保护裁刀，应在胶片下垫以适当厚度的铅板及硬纸板。

④ 裁刀用毕，须立即拭干、涂油，妥善放置，以防损坏刀刃。

⑤ 在试样中部，用不影响试样物理性能的颜色标两条平行标线，每条标线应与试样中心等距。

⑥ 用厚度计测量试样标距内的厚度，应测量三点：一点在试样工作部分的中心处，另两点在两条标线的附近。取三个测量值的中值作为工作部分的厚度值。

三、试验步骤

① 将试样对称并垂直地夹于上下夹持器上，开动机器，使下夹持器以 (500±50)mm/min 的拉伸速度拉伸试样，并用测伸指针或标尺跟踪试样的工作标线。

② 根据试验要求，记录试样被拉伸到规定伸长率时的负荷、扯断时的负荷及扯断伸长率（ε）。电子拉力机带有自动记录和绘图装置，可得到负荷-伸长率曲线，试验结果可从该曲线上查出。

③ 测定应力伸长率时，可将试样的原始截面积乘以给定的应力，计算出试样所需的负荷，拉伸试样至该负荷值时，立即记下试样的伸长率（如用试验机可绘出应力-应变曲线，也可从该曲线上查出）。

④ 测定永久变形时，将断裂后的试样放置 3min，再把断裂的两部分吻合在一起。用精度为 0.5mm 的量具测量试样的标距，并计算永久变形值。

四、试验结果的计算

① 定伸应力和拉伸强度按式（3-8）计算：

$$\sigma = \frac{F}{db} \tag{3-8}$$

式中　σ——定伸应力或拉伸强度，MPa 或 kgf/cm^3；

F——试样所受的作用力，N 或 kgf；

b——试样工作部分宽度，mm；

d——试样工作部分厚度，mm。

② 定应力伸长率和扯断伸长率按式（3-9）计算：

$$\varepsilon = \frac{L_1 - L_0}{L_0} \times 100 \ \%$$ (3-9)

式中　ε——定应力伸长率或扯断伸长率；

L_1——试样达到规定应力或扯断时的标距，mm；

L_0——试样初始标距，mm。

③ 拉伸永久变形按式（3-10）计算：

$$H = \frac{L_2 - L_0}{L_0} \times 100\%$$ (3-10)

式中　H——扯断永久变形；

L_2——试样扯断后停放 3min 后对起来的标距，mm；

L_0——试样初始标距，mm。

拉伸性能试验中所需的试样数量应不少于 3 个，但是在一些鉴定、评比、仲裁等试验中，试样数量应不少于 5 个，取全部数据的中位数。

试验数据按数值递增的顺序排列，试验数据如为奇数，取其中间数值为中位数，若试验数据为偶数，取其中间两个数值的算术平均值为中位数。

五、试验影响因素

影响橡胶拉伸性能试验结果的因素很多，总的来说可分为两个方面：一是工艺过程的影响，例如混炼工艺、硫化工艺等；二是试验条件的影响。

1. 试验温度的影响

温度对硫化胶的拉伸性能有较大的影响。一般来说橡胶的拉伸强度和定伸应力随温度的升高而逐渐下降，扯断伸长率则有所增加，对于结晶速度不同的胶种影响更明显。在 GB/T 2941—2006 标准中规定了试验温度为 $(23 \pm 2)℃$。一般来说，其变化规律是，随室温升高，拉伸强度、定伸应力降低，而扯断伸长率则提高。

2. 试样宽度的影响

即使用同一工艺条件制作的试样，由于工作部分宽度不同，所得结果也不同，不同规格的试样所得试验结果没有可比性。同一种试样的工作部分越宽，其拉伸强度和扯断伸长率就有所降低。产生这种现象的原因可能是：①胶料中存在微观缺陷，这些缺陷虽经过混炼但没能消除，面积越大存在这些缺陷的概率越大；②在试验过程中，试样各部分受力不均匀，试样边缘部分的应力要大于试样中间的应力，试样越宽，差别越大，这种边缘应力的集中，是造成试样早期断裂的主要原因。

3. 试样厚度的影响

硫化橡胶在进行拉伸性能试验时，标准规定试样厚度为 (2.0 ± 0.3)mm。随着试样厚度的增加，其拉伸强度和扯断伸长率都降低。产生这种现象的原因除了试样在拉伸时各部分受力不均外，还有试样在制备过程中，裁取的试样断面形状不同。在裁取试样时，试样越厚，变形越大，导致试样的断面面积缩小，所以拉伸强度和扯断伸长率比薄试样低。

4. 拉伸速度的影响

硫化胶在进行拉伸性能试验时，标准规定拉伸速度为 500mm/min。拉伸速度越快，拉伸强度越高。但在 200～500mm/min 速度范围内，拉伸速度对试验结果的影响不太显著。

5. 试样停放时间的影响

硫化后的橡胶试样必须在室温下停放一定时间后才能进行试验。在 GB/T 2941—2006 标准中规定，停放时间不能少于 16h，最多不得超过 15d。试验结果表明：停放时间对拉伸强度的影响不十分显著，拉伸强度随停放时间的延长而稍有增大。产生这种现象的原因可能是试样在加工过程中因受热和机械的作用而产生内应力，放置一定时间可使其内应力逐渐趋向均匀分布，以致消失。因而在拉伸过程中就会均匀地受到应力作用，不致因局部应力集中而造成早期破坏。

6. 压延方向与试样夹持状态

硫化胶在进行拉伸性能试验时，应注意压延方向，在 GB/T 528—2009 标准中规定，片状试样在拉伸时，其受力方向应与压延、压出方向一致，否则其试验结果会显著降低。平行于压延方向的拉伸强度，比垂直于压延方向的拉伸强度高。在夹具间，试样须垂直夹持。否则会因试样倾斜而造成受力、变形不均，削弱分子间作用力，降低所测性能值。

六、任务实施

1. 工作任务单

任务名称	橡胶大底拉伸强度的测定
任务来源	某鞋业有限公司购进一批橡胶大底，拟用于运动鞋生产，现需对该批次大底进行检测，以判定该批次大底是否合格，为后续生产提供依据。
任务要求	检验人员按照运动鞋外底拉伸强度相关性能检测要求，完成该批次橡胶大底拉伸强度的测定，在工作过程中学习试样准备、万能拉力机的使用、结果判定及报告撰写等相关知识。
任务清单	一、需查阅的相关资料 1.《硫化橡胶或热塑性橡胶　拉伸应力应变性能的测定》(GB/T 528—2009)； 2.《硬质橡胶　拉伸强度和拉断伸长率的测定》(HG/T 3849—2008)。 二、设计试验方案 根据 GB/T 528—2009 合理制定测定方案。 三、实践操作 1. 准备测定样品； 2. 对样品进行测定并记录测定数据； 3. 对测定结果进行计算。 四、撰写试验报告 按照规范要求撰写试验报告。
工作任务考核	1. 工作任务参与情况； 2. 方案制定及执行情况； 3. 试验报告完成情况。

2. 橡胶大底拉伸强度的测定实训报告单

姓名：	专业班级：	日期：
同组人员：		

1. 样品信息及测试条件

样品名称		样品规格	
检测依据		样品调节环境及时间	
试样类型		试样调节环境及时间	
试样裁切方向		拉伸速率/(mm/min)	

2. 数据记录

检测次数	试样厚度/mm		原始标距/mm	断裂标距/mm	扯断伸长率/%	最大力/N	拉伸强度/MPa
	单值	中位数					
伸长率中位数/%				拉伸强度中位数/MPa			

3. 结论

任务五　硫化橡胶耐磨性能的测定（阿克隆磨耗法）

　　硫化橡胶的耐磨性能是指硫化橡胶抵抗摩擦力作用下因表面破坏而使材料损耗的能力，是与橡胶制品使用寿命密切相关的力学性能。磨耗测试反映了硫化橡胶的耐磨性能，尤其对于鞋用制品，橡胶的耐磨性能是一个重要因素，与鞋底的寿命密切相关。根据试样与材料摩擦的接触形式，可区分磨耗的类型，目前主要有阿克隆磨耗和 DIN 磨耗。阿克隆磨耗的测定参考标准《硫化橡胶　耐磨性能的测定（用阿克隆磨耗试验机）》（GB/T 1689—2014）。

一、阿克隆磨耗试验定义

试验时让试样与砂轮在一定的倾斜角度和一定的负荷作用下进行摩擦，测定试样在一定里程内的磨耗体积。

二、测试原理

磨耗是指两固体表面互相接触，经摩擦而使表层材料脱落的现象。让试样与砂轮在一定的倾斜角度和一定的负荷作用下进行摩擦，测定试样在一定里程内的磨耗体积损失量，作为判断试样耐磨性的指标。

三、仪器设备

试验需在阿克隆磨耗试验机上进行，该机主要由动力系统、转动辊筒、试样夹转器、自动停机系统和用于试样转动的齿条与小传动齿轮装置、基座及粉尘收集器等组成。

试验机需符合以下条件：

① 胶轮回转速度为 (76 ± 2)r/min，砂轮回转速度为 (34 ± 1)r/min；

② 胶轮轴和砂轮轴的夹角为 0°时，两轴应保持平行和水平；

③ 重锤使样品承受的负荷为 (26.7 ± 0.2)N；

④ 胶轮轴与砂轮轴之间的夹角为 15°±0.5°；当试样的磨耗量小于 $0.1cm^3/1.61km$ 时，可采用 25°±0.5°夹角，但应在试验报告中注明；

⑤ 试验用砂轮的尺寸为直径 150mm，中心孔为 32mm，厚度为 25mm，磨料为氧化铝，粒度为 36 号；

⑥ 试样夹板直径为 56mm，工作面厚度为 12mm；

⑦ 测试时试样磨 3418r（必须保证样品磨 1.61km）。

四、测试步骤

① 把样品裁成宽为 (12.7 ± 0.2)mm，厚度为 (3.2 ± 0.2)mm，长度为胶轮的周长，两面打磨好，用胶水把样品粘在胶轮上。粘接时样品不应该受到张力，接头粘接时应该平滑过渡，并呈 45°角对接。

② 粘接后样品应在实验室环境中停放 8h 以上。

③ 把粘好的样品固定在胶轮轴上，启动试验机开始预磨试验。

④ 预磨 15min 取下，用刷子刷干净胶屑，用电子天平称其质量 m_1（到 0.001g）。

⑤ 把称好的样品固定在胶轮轴上，设定试验为 3418r，清零，并启动电机，开始正式试验。

⑥ 待试验次数达到后，取下样品，用刷子刷干净胶屑，用电子天平称其质量 m_2（到 0.001g）。

⑦ 用密度天平称取样品的密度。

⑧ 依公式计算出样品的阿克隆耐磨值。

五、结果计算

试样磨损体积按下式计算：

$$V = \frac{m_1 - m_2}{\rho}$$ (3-11)

式中　V——试样磨损体积，cm^3。

　　m_1——试样在磨耗前即预磨后的质量，g；

　　m_2——试样在磨耗后的质量，g；

　　ρ——试样的密度，g/cm^3。

试验数量不少于 2 个，以算术平均值表示试验结果，允许偏差为±10％。

六、试验影响因素

1. 砂轮

砂轮是试验时的磨料，其切割力的大小直接影响试验结果，在使用过程中，随着时间的延长，其表面会附着一层发黏的胶沫，甚至染上油污，这些对试验结果都有影响，因此可以根据实际情况选定一个校正用的试验配方，定期对试验机进行校正，随时掌握砂轮切割力的变化情况。

阿克隆磨耗机上使用的砂轮并不是任意选一片符合要求的砂轮，装配在磨耗机上就可以使用，而是必须经过严格筛选，多次试验后标定砂轮。因为即使是同一配方、同一生产工艺生产出来的砂轮，每片砂轮摩擦面间的切割力也存在着较大的差异。使用标定砂轮，可以减小试验误差，提高各个试验室间试验结果的可比性。

2. 角度

试验方法中规定："砂轮轴与胶轮轴之间的夹角为15°±0.5°。"这是为了使砂轮和试样之间产生一个固定的滑动角，试验证明这个滑动角度对试验结果的影响很大。选五种胶料，依次下片制备试样，在同一台试验机上分别做 15°、20°、25°角磨耗量的影响因素试验，试验温度为（23±2）℃。由试验结果可以看出，不同角度对五种胶料的磨耗量有显著影响，角度增大，磨耗量呈直线快速增加。这是因为角度增大其滑动率也随之增大，使磨耗量增加。所以需要严格控制和经常检查试验机胶轮轴与砂轮之间的夹角。

3. 负荷

磨耗量随负荷的增加而逐渐增加，这是由于负荷增加使得试样轮承受的作用力增大，致使磨耗量增加。因此，试验过程中，必须保证试样承受的作用力是（26.7±0.2）N。

4. 试样长度

试样越短磨耗量越大，试样越长磨耗量越小。即磨耗量与试样长度成负相关。其原因主要是：在与胶轮黏合的情况下，试样越短试样磨面的表面张力越大，经停放后，其表面抗撕裂和耐磨性能有所降低，所得结果往往偏大。

5. 试样厚度

试样厚度不同对试验结果也有影响。试验表明，随着试样厚度的增加，磨耗量逐渐增大，随着试样厚度减小，磨耗量随之减小。试样夹板的大小和试样打滑的情况对磨耗量都有影响，但转速的影响不太明显。

七、任务实施

1. 工作任务单

任务名称	硫化橡胶耐磨性能的测定(阿克隆磨耗法)
任务来源	某鞋底生产企业要设计一个耐磨鞋底配方,需进行耐磨性能测试,为后续试验做参考。
任务要求	检验人员按照运动鞋外底耐磨性能相关指标要求,完成阿克隆磨耗法测定硫化橡胶耐磨性能试验,在工作过程中学习试样准备、设备使用、结果计算及报告撰写等相关知识。
任务清单	一、需查阅的相关资料 《硫化橡胶　耐磨性能的测定(用阿克隆磨耗试验机)》(GB/T 1689—2014)。 二、设计试验方案 根据 GB/T 1689—2014 合理制定测定方案。 三、实践操作 1. 准备测定样品; 2. 对样品进行测定并记录测定数据; 3. 对测定结果进行计算。 四、撰写试验报告 按照规范要求撰写试验报告。
工作任务考核	1. 工作任务参与情况; 2. 方案制定及执行情况; 3. 试验报告完成情况。

2. 硫化橡胶耐磨性能的测定 (阿克隆磨耗法) 实训报告单

姓名:	专业班级:	日期:
同组人员:		

一、试验测试标准说明

二、样品的详细说明和标志

三、试样制备的详细情况

四、所选仪器说明

五、详细试验条件及试验步骤

六、试验结果及分析

1. 数据记录

样品编号	m_1	m_2	密度	磨损体积
1				
2				
3				

2. 结果分析

任务六　硫化橡胶耐磨性能的测定（DIN 耐磨试验法）

磨耗性能是橡胶、硫化胶、热塑性弹性体等制品的一项重要指标，与材料有效期长短和制品的使用安全性密切相关。橡胶的耐磨性能取决于本身的内聚力和摩擦表面的黏着力，以及底料的配方设计是否合理和底料含胶率的高低。DIN 耐磨试验法主要用于测量弹性材料的耐磨性能，可参考标准《硫化橡胶或热塑性橡胶耐磨性能的测定（旋转辊筒式磨耗机法）》（GB/T 9867—2008）进行测试。

一、DIN 磨耗定义

DIN（辊筒式）耐磨试验法，用于测定橡胶轮胎、胶鞋、胶带等的耐磨性，以鉴定橡胶制品的质量。试验时，胶料在一定负荷作用下与辊筒上砂布进行摩擦，测定规定行程内试样的磨耗量。

二、测试原理

在规定的接触压力下和给定的面积上，使试样与砂纸成一定角度，测定试样在一定级别的砂纸上进行摩擦而产生的磨耗量。

砂纸包贴在辊筒的表面，试样紧压在带有砂纸的辊筒上，使试样沿辊筒横向移动，磨耗在圆柱形试样的一端发生。测量试样的质量损失值，并由试样的密度计算体积磨耗量。在同一条件下，试验胶的体积磨耗量与参照胶的体积磨耗量具有可比性。

三、仪器设备

完成 DIN 耐磨试验需要用到以下仪器：DIN 磨耗试验机、旋转裁刀、天平和毛刷。DIN 磨耗试验机如图 3-9 所示。

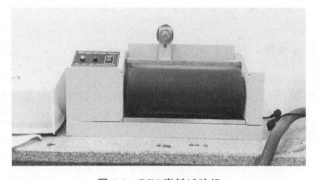

图 3-9　DIN 磨耗试验机

该设备主要由动力系统、转动辊筒、试样夹持器、自动停机系统和用于使试样转动的齿条与小传动齿轮装置、机座及粉尘收集器等组成。其主要技术参数如下：

① 辊筒直径：(150±0.2)mm；

② 辊筒长度：约 500mm；

③ 辊筒转速：(40±1)r/min；

④ 试样夹持器横移速度：(4.2±0.06)mm/min；

⑤ 研磨行程长度：20m 或 40m，极个别为 10m；

⑥ 试样旋转速度：0.9r/min 或不转动。

四、操作步骤

1. 准备 DIN 耐磨测试的试样

测试需准备标准胶和测试试片。标准胶要准备三片，确认标准胶是否在有效期限内，否则不可使用；标准胶的尺寸规格为 $\phi16$mm，厚度大于 6mm。同种材料需测试三片以上，试片的尺寸为 $\phi16$mm，厚 6~14mm。试验前静置于温度（23±2）℃、相对湿度 65％±2％状态之中 48h 以上。

2. 校正砂纸磨耗量

用标准胶校正砂纸磨耗量是否在 180~220mg 之间，方法如下：

① 将整个托架向上托起，以逆时针方向松开螺母，这时夹头会变大，将标准胶（标准胶可以是上一次使用过的，只要它的厚度或与粘在标准胶上材料的总厚度在 6~14mm 即可）置入夹头内，按住试片同时再顺时针方向锁紧螺母；

② 将金属厚度块置于已装好标准胶的夹头上，调整螺栓，以顺时针或逆时针方向旋转使标准胶与金属厚度块平行（标准胶露出夹头约 2mm），再将整个托架移动到起始点位置，并置于螺杆齿轮上；

③ 将 2.5N 或 5.0N 砝码置于负荷座上；

④ 接上电源，启动 POWER 键，按 START 键先预磨，使砂纸与试片预磨吻合（大约预磨到整个行程的一半时按 STOP 键停止，在标准胶上作个记号）；

⑤ 从夹头上取下标准胶，去掉表面残留的胶粒，用天平称重（m_1），精确到 0.1mg；

⑥ 再将整个托架回到起始点，重新夹持前面已经称重的试片；

⑦ 再按启动 START 键，开始磨至 40m 的行程（大约 84r），也就是机台整个行程后会自动提起；

⑧ 从夹头上取下标准胶，去掉表面残留的胶粒，再次用天平称重（m_2），精确到 0.1mg；

⑨ 至少测试三个标准胶，取其平均值。

3. 测试样品

得到标准胶的磨耗损失后，才可测试试片；测试试片减少的质量（方法如标准胶的操作方法），测试三个试片，取平均值；计算出试片磨耗损失，Δm ＝试片预磨的质量－试片整个行程的质量；用天平测量试片的密度（ρ）；测试结束后，关掉电源。

五、计算测定结果

将数值代入下列公式，计算试片磨耗量 V（mm^3）。

$$V = \frac{\Delta m \times 200mg}{Q\rho} \tag{3-12}$$

式中 $200mg$——标准参照胶测得的固定质量损失值；

  Δm——试片磨耗损失，mg；

  Q——标准胶磨耗损失，mg；

  ρ——试片的密度，mg/mm^3。

六、注意事项

① 测试前先检查标准胶的有效期是否在 1 年内。

② 检查旋转冲刀的速度是否在 1000r/min 以上，刀口是否锋利。检查方法是裁一粒标准胶进行测试，将试样夹持器夹紧，轻轻旋转试样，如果试样会转动说明试样太小，那么在测试中试样会抖动发出非正常声响，此时在确定冲刀速度没问题后，判断为裁刀不够锋利，应及时更换。

③ 试样预磨后取下来称重时需做标记，也就是说试样在进行测试时需装回原来的位置，因为试样的测试面不是平面，如果位置有变化会导致试样的测试面与砂纸的接触面积产生变化而影响测试结果的准确性。这也是采用非旋转方法需要进行预磨的原因。

④ 在试验结束时试样不应被砂纸完全磨掉，检查方法是在结束试验时观察试样表面是否与试样夹持器尾端水平，如果是水平的，说明试样可能在不到规定行程时就已经被完全磨掉，此时应根据试样的磨耗性选择缩短摩擦距离（一半磨耗行程）或者减小负荷或者两者均减小，然后重新测试。

⑤ 当试样的磨耗量很大，单靠刷子无法及时将砂纸表面上的磨尘清除时，为了不影响平行样之间的数据，应尽可能每测试完一个试样后就用吸尘器将砂纸表面的磨尘清除干净再进行试验。

⑥ 测试时可能会出现试验前后标准胶的磨耗量相差大于 10％的问题，这种情况下应再进行一次标准胶测试，因为前一次的结果值可能由于试样的磨尘大量粘在砂纸上而造成标准胶的磨耗量偏低。

七、任务实施

1. 工作任务单

任务名称	橡胶外底耐磨性能的测定（DIN 耐磨试验法）
任务来源	某鞋业有限公司购进一批橡胶外底，拟用于运动鞋生产，现需对该批次外底进行检测，以判定该批次外底是否合格，为后续生产提供依据。
任务要求	检验人员按照运动鞋外底耐磨性能的测定要求，完成该批次橡胶外底耐磨性能的测定，在工作过程中学习试样准备、DIN 磨耗试验机的使用、结果判定及报告撰写等相关知识。
任务清单	一、需查阅的相关资料 《硫化橡胶或热塑性橡胶耐磨性能的测定（旋转辊筒式磨耗机法）》（GB/T 9867—2008）。 二、设计试验方案 根据 GB/T 9867—2008 合理制定测定方案。 三、实践操作 1. 准备测定样品； 2. 对样品进行测定并记录测定数据； 3. 对测定结果进行计算。 四、撰写试验报告 按照规范要求撰写试验报告。
工作任务考核	1. 工作任务参与情况； 2. 方案制定及执行情况； 3. 试验报告完成情况。

2. 橡胶外底耐磨性能的测定（DIN 耐磨试验法）实训报告单

| 姓名： | 专业班级： | 日期： |

同组人员：

一、试验测试标准说明

二、样品的详细说明

　1. 样品来源和说明

　2. 混炼胶的具体说明和硫化成型条件

　3. 试样制备的方法

三、试验记录

　1. 标准实验室温度

　2. 数据记录

（1）校正砂纸磨耗量

标准胶编号	m_1	m_2	$m_1 - m_2$	$(m_1 - m_2)$平均值
1				
2				
3				

（2）样品测试

样品编号	m_1	m_2	$m_1 - m_2$	$(m_1 - m_2)$平均值
1				
2				
3				

续表

样品编号	密度
1	
2	
3	

四、结果计算

标准胶编号	磨耗体积	平均值
1		
2		
3		

任务七 橡胶热空气老化试验

橡胶及其制品在加工、贮存和使用过程中，由于受内外因素的综合作用而引起橡胶物理化学性质和力学性能变差，最后丧失使用价值，这就是橡胶老化，其表现为龟裂、发黏、硬化、软化、粉化、变色、长霉等。引起橡胶老化的因素有五个，包括氧、臭氧、热、光和机械应力。

橡胶老化的测试方法有两种。

① 自然老化试验方法。又分为大气老化试验、大气加速老化试验、自然贮存老化试验、自然介质和生物老化试验等。自然老化试验方法虽然能获得比较可靠的试验结果且操作简便，但老化速度缓慢，试验周期长，不能及时满足科研与生产的需要。

② 人工加速老化试验方法。包括热老化、臭氧老化、光老化、人工气候老化、光臭氧老化、生物老化、高能辐射电老化以及化学介质老化等，是生产和科研中常见的老化方法。

鞋用橡胶制品受特殊老化因素影响较少，其主要影响因素为加热和阳光照射，根据高分子材料的时温等效原理，常用加热老化法测试耐老化性能。测试时可参考标准《硫化橡胶或热塑性橡胶 耐候性》（GB/T 3511—2018）和《硫化橡胶或热塑性橡胶 热空气加速老化和耐热试验》（GB/T 3512—2014）。

一、测试原理

试样在高温和大气压力下的空气中老化后测定其性能，与未老化试样的性能作比较，并使用有关的物理性能来判定老化程度。在没有表明这些性能与实际应用明确相关时，建议测定拉伸强度、定伸应力、拉断伸长率和硬度。目前常用的测试方法有两种:一是热空气加速老化试验,试验在比橡胶使用环境更高的温度下进行,以期在短时间内获得橡胶自然老化的结果;二是耐热试验,试样经受与使用时间相同温度和规定时间的热老化后,测定适当的性能,并与未老化试样的性能作比较。

二、测试实例——橡胶热空气老化试验测试

1. 准备测试试样

① 试样按 GB/T 2941—2006 的规定进行试样制备和状态调节,不使用完整的成品或样品片材进行试验。

② 老化后的试样不应再进行任何机械、化学或热处理。

③ 只有尺寸规格相同的试样才能作比较。

④ 测定老化前和老化后的试样数量通常各五个,不应少于三个。

为了防止硫黄、抗氧剂、过氧化物或增塑剂的迁移,应避免在同一老化箱内同时加热不同类型的橡胶试样。建议只有下列类型的材料才可一起加热:

a. 相同类型的聚合物;b. 含有同类型的促进剂或硫黄和促进剂的比率近似相等的硫化橡胶;c. 含有同类型抗氧剂的橡胶;d. 含有同类型同分量增塑剂的橡胶。

2. 试验条件

热空气加速老化试验温度按 GB/T 2941—2006 的规定选择或由有关人员共同商定;老化时间可选为 24h、48h、72h、96h、168h 或 168h 的倍数。尽可能避免不同配方试样在一起老化。对于高硫配合、低硫配合、有无防老剂,以及含 Cl、F 等挥发物互相干扰的试样,应分别进行老化试验。

3. 具体操作

① 准备工作:检查设备仪器,准备相关测试工具。

② 设定超温保护温控器温度,此温度应高于设定的温度控制器测试温度;将老化箱调至试验温度,并保持 10~20min。当温度达到设定值时,关掉一个电热开关,只留下一个电热开关维持恒温。

③ 把试样放置于老化箱中进行试验。注意每两个试样之间的距离不得小于 10mm,试样与箱壁之间的距离不得小于 50mm,当试验区域的温度分布不符合规定时,可缩小试验区域,直到符合规定为止。试样应不受应力,也不受光照。

④ 试样放入老化箱即开始计算老化时间。

⑤ 到达规定老化时间时,立即取出试样。

⑥ 对取出的试样以不受应力的方式按 GB/T 2941—2016 的规定进行环境调节 16~144h,并在这期间画上标线。

⑦ 按照拉伸强度、拉断伸长率等相应测试标准的规定进行性能测试。

⑧ 试验完成后,关机,清理现场并做好仪器使用记录。

4. 结果表示

试验结果以试样的性能变化百分率表示:

$$P = \frac{A-O}{O} \times 100\% \tag{3-13}$$

式中 P——试样性能变化百分率;

O——未老化试样的性能初始测定值；

A——老化后试样的性能测定值。

硬度变化差值计算：

$$H_P = H_A - H_O \tag{3-14}$$

式中　H_P——老化后试样硬度变化差值；

　　　　H_A——老化后试样的硬度测定值；

　　　　H_O——未老化试样的硬度初始值。

数值保留时，性能变化百分率精确到整数位，硬度保留整数。

5. 试验报告

试验报告应该包括以下内容。

① 采用标准的名称和代号。

② 试样说明。

a. 试样的名称、规格、数量和来源；

b. 说明混炼胶的组成及其硫化条件；

c. 硫化和试验间的时间间隔；

d. 试样制备方法（例如模压、从样品裁取试样等）。

③ 老化说明。

a. 老化箱型号；

b. 是加速老化或耐热试验；

c. 测试的性能（如拉伸强度、定伸应力等）和使用试样的类型；

d. 老化试验温度、时间。

三、任务实施

1. 工作任务单

任务名称	橡胶热空气老化试验
任务来源	生产车间新制备了一批鞋底，需对其进行质量检验，测定其老化性能。
任务要求	检验人员按照相关标准完成橡胶老化性能试验，在工作过程中学习老化性能测定的原理、试样准备、仪器操作、报告撰写等相关知识。
任务清单	一、需查阅的相关资料 1.《硫化橡胶或热塑性橡胶　耐候性》(GB/T 3511—2018)； 2.《硫化橡胶或热塑性橡胶　热空气加速老化和耐热试验》(GB/T 3512—2014)。 二、设计试验方案 根据国家标准合理制定测定方案。 三、实践操作 1. 准备测定样品； 2. 对样品进行测定并记录测定数据； 3. 对测定结果进行计算。 四、撰写试验报告 按照规范要求撰写试验报告。
工作任务考核	1. 工作任务参与情况； 2. 方案制定及执行情况； 3. 试验报告完成情况。

2. 橡胶热空气老化试验实训报告单

姓名：	专业班级：	日期：

同组人员：

一、试验测试标准说明

二、样品的详细说明和标志

三、试样制备的详细情况

四、所选仪器说明

五、详细试验条件及试验步骤

续表

六、试验结果及分析

任务八　鞋底耐屈挠性能的测定

鞋底在长期穿着使用过程中，会受到反复弯曲的作用。由于受力材料会产生形变疲劳，鞋底会出现裂口及裂口增长的现象，帮面和围条帮面与外底之间会出现开胶，围条会出现裂纹。耐屈挠性能就是在鞋底经过一定次数弯曲以后，检查试样是否有裂口，测量裂口增加的长度。屈挠次数越多，鞋底的耐折性能越好。测试方法可参考《鞋类　整鞋试验方法　耐折性能》（GB/T 3903.1—2017）标准。

一、测试原理

仿真人体行走时脚掌的弯曲动作，于短时间内测知鞋子弯曲变化（如成品鞋胶着部分的剥离、鞋底部分的疲劳破损等）程度。

二、测试设备

鞋子弯折试验机是用来测试运动鞋、休闲鞋、工作鞋等成品鞋耐屈挠性能的一种机器。

三、准备试件

① 操作前先准备相应数量的鞋底或成品鞋。

② 确定操作部位：先由鞋后跟部位画一条平分线延至鞋尖，再从鞋掌最宽部位画两条平行线垂直于此平分线，两条平行线之间宽度为 5mm，此 5mm 范围即为操作时的弯折部位（如图 3-10 所示）。

③ 如有需要，可在鞋后跟放入垫木。

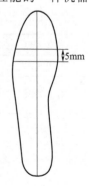

图 3-10　鞋底画线

四、操作步骤

1. 操作前须确认事项

① 确认电源是否符合要求。

② 确定测试时的角度。

a. 打开机台左右两边的侧罩，查看偏心轮滑块及连杆上的红色标示指针所对的刻度（如两刻度均指示 45°，则弯折角度为 45°）；

b. 若需调整角度，请先将连杆前端螺母和偏心轮滑块固定杆螺母旋松，然后调整偏心轮另一端面上的螺栓，使滑块上的标示正对欲测试角度的刻度，同时也将连杆端的固定块调整到相同刻度，然后将螺母旋紧。此时的刻度指示值即为试验时的测试角度。

2. 试件夹持

① 按下 POWER 键，打开电源。

② 用手按住 STOP 键，同时用另一只手指点击 START 键。调整机台弯折夹具至水平位置。

③ 将试件置于机台试验台，依据试件尺寸调整机台滑动板至合适位置，并将试件前端置于弯折夹具内固定，后端固定在鞋跟块内，通过调整压紧手轮压紧试件后端。用另一手点击 START 键，此时机台为点动，由此查看弯折部位是否对应标示的平行线范围内（若弯折位置不对应，则需反复多次调整试件位置，直到对准为止）。

④ 将滑板固定旋钮锁紧，固定住滑板。

⑤ 按下 POWER 键，打开电源。

3. 开始测试

① 依照标准设定测试次数；

② 按下 START 键开始测试，设定次数达到后，机台会自动停机。

五、结果判定

1. 记录方式

① 鞋底：观察有无龟裂现象，若有龟裂需用游标卡尺量出其龟裂长度及深度，并记录；

② 成品鞋：观察有无开胶及龟裂现象，如有开胶及龟裂现象需用游标卡尺量出其开胶及龟裂长度，并做记录。

2. 记录弯折次数

试验过程中，应准确记录弯折次数。

六、任务实施

1. 工作任务单

任务名称	鞋底耐屈挠性能的测定
任务来源	企业生产了一批运动鞋,需对其进行质量检验,测定其鞋底耐屈挠性能。
任务要求	检验人员按照相关标准完成耐屈挠性能试验,在工作过程中学习耐屈挠性能测定的原理、试样准备、仪器操作、报告撰写等相关知识。
任务清单	一、需查阅的相关资料 《鞋类　整鞋试验方法　耐折性能》(GB/T 3903.1—2017)。 二、设计试验方案 根据国家标准合理制定测定方案。 三、实践操作 1. 准备测定样品; 2. 对样品进行测定并记录测定数据; 3. 对测定结果进行计算。 四、撰写试验报告 按照规范要求撰写试验报告。
工作任务考核	1. 工作任务参与情况; 2. 方案制定及执行情况; 3. 试验报告完成情况。

2. 鞋底耐屈挠性能的测定实训报告单

姓名：	专业班级：	日期：

同组人员：

一、试验测试标准说明

二、样品的详细说明和标志

三、试样制备的详细情况

四、所选仪器说明

五、详细试验条件及试验步骤

六、试验结果及分析

模块四

服装材料检测

项目一　服装材料原材料检测

 学习目标

知识目标

1. 熟悉各类纤维的燃烧性能、横纵截面形态特征、溶解性能和熔融情况等。

2. 掌握通过燃烧法、显微镜法、溶解法、含氯含氮呈色反应法、熔点法、密度梯度法、红外光谱法、双折射率法对纤维进行定性分析的测试原理、测试步骤。

3. 掌握化学溶解法、手工拆分法和显微镜测定法对纤维进行定量分析的测试原理、测试步骤。

4. 理解服装材料原材料定性分析的影响因素。

5. 理解服装材料原材料定量分析的影响因素。

能力目标

1. 会根据相关检测国家标准合理制定检测方案。

2. 会对服装材料进行定性分析和定量分析，综合分析服装材料的纤维成分种类及其百分含量。

3. 会填写测试报告，并对测试结果进行正确判断。

素质目标

1. 培养学生的爱国情怀，树立文化自信。

2. 培养分析问题、解决问题的能力，植入绿色发展、生态发展的理念。

　　纺织纤维的种类繁多，可以分为天然纤维和化学纤维。随着化学纤维的发展，其应用也日益增多，化学纤维与棉、麻等天然纤维混纺和交织以及各种化学纤维混纺和交织越来越多。从外观上看，很难区分天然纤维织物和化学纤维织物。而服装材料的性能与组成该服装材料的纤维性能密切相关，因此在服装生产管理和产品分析中，对纤维原料进行定性分析和定量分析显得十分重要。

　　纤维原料的定性分析是根据各种纤维特有物理、化学等性能，采用不同的分析方法对纤维进行测试，从而鉴别出纤维的类别。定量分析是在对混纺织物进行定性分析后，确定各类纤维成分的百分含量。

　　本项目主要介绍服装原材料的检测，包括纤维原料定性分析和纤维原料定量分析两个任务点。

任务一　纤维原料定性分析

一、基础知识

　　服装材料的性能与组成该服装材料的纤维原料性能密切相关，因此在服装材料生产管理和产品分析中，对纤维原料进行定性分析是一项重要的工作。纤维原料定性分析是根据各种纤维特有的物理、化学等性能，采用不同的分析方法对纤维进行测试，从而鉴别纤维的类别。一般，定性分析方法有燃烧法、显微镜法、溶解法、含氯含氮呈色反应、熔点法、密度梯度法、红外光谱法和双折射率法。

　　纤维原料定性分析的检测标准有《纺织纤维鉴别试验方法　第 1 部分：通用说明》（FZ/T 01057.1—2007），《纺织纤维鉴别试验方法　第 2 部分：燃烧法》（FZ/T 01057.2—2007），《纺织纤维鉴别试验方法　第 3 部分：显微镜法》（FZ/T 01057.3—2007），《纺织纤维鉴别试验方法　第 4 部分：溶解法》（FZ/T 01057.4—2007），《纺织纤维鉴别试验方法　第 5 部分：含氯含氮呈色反应法》（FZ/T 01057.5—2007），《纺织纤维鉴别试验方法　第 6 部分：熔点法》（FZ/T 01057.6—2007），《纺织纤维鉴别试验方法　第 7 部分：密度梯度法》（FZ/T 01057.7—2007），《纺织纤维鉴别试验方法　第 8 部分：红外光谱法》（FZ/T 01057.8—2012），《纺织纤维鉴别试验方法　第 9 部分：双折射率法》（FZ/T 01057.9—2012）。

二、测试原理

　　燃烧法是根据纤维接近火焰、接触火焰和离开火焰的状态，燃烧时发出的气味以及燃烧后残留物的特征来鉴别纤维类别。

　　显微镜法是根据不同纤维具有不同的纵向外观和横截面形态，利用显微镜观察纤维的纵向外观和横截面形态特征来鉴别纤维。

　　溶解法是利用各种纤维在不同化学溶剂中的溶解性能来鉴别纤维。

　　含氯含氮呈色反应法是根据含氯、氮元素的纤维用火焰、酸碱法检测时，会发生特定的呈色反应来鉴别纤维。

　　熔点法是利用各种合成纤维具有不同的熔融特性来鉴别纤维。

密度梯度法是根据所测定的未知纤维密度并将其与已知纤维密度对比来鉴别纤维。

红外光谱法是利用不同物质有不同的红外光谱，将待测纤维的红外光谱图和已知纤维的红外光谱图比较，从而鉴别纤维的种类。

双折射率法利用不同纤维具有不同的双折射率来鉴别纤维。纤维具有双折射性，利用偏振光显微镜可分别测得平面偏振光振动方向平行于纤维长轴方向的折射率和垂直于纤维长轴方向的折射率，两者相减即得到双折射率。

三、测试设备

① 燃烧法：酒精灯、镊子、剪刀、放大镜等。

② 显微镜法：哈氏切片器、刀片、小旋钻、镊子、挑针、剪刀、剖刀、毛笔、载玻片、盖玻片、生物显微镜等。

③ 溶解法：天平、温度计、电热恒温水浴锅、封闭电炉、密度计、量筒、试管、试管夹、小烧杯、镊子、酒精灯等。

④ 含氯含氮呈色反应法：酒精灯、铜丝、镊子、剪刀、试管、试管夹、红色石蕊试纸等。

⑤ 熔点法：熔点仪、偏光显微镜、镊子、剪刀、载玻片、盖玻片、挑针等。

⑥ 密度梯度法：密度梯度仪、标准密度玻璃小球一套、密度计、离心机、磁力搅拌器、测高仪、烘箱、真空干燥箱、250mL 磨口带塞量筒 2 支、梯度管、梯度管配制装置、量筒等。

⑦ 红外光谱法：红外光谱仪、小型油压机及溴化钾压模、真空泵、红外线干燥灯、玛瑙研钵、纤维切片器、干燥器、称量纸、聚四氟乙烯板和加热板、刮刀、镊子、钳子、剪刀、玻璃棒等。

⑧ 双折射率法：偏光显微镜、阿贝折射仪、钠光灯、黑绒板、镊子、载玻片、小滴瓶等。

四、测试实例

1. 试样准备

① 取样：取样应具有代表性，若材料中存在类型、规格和颜色不同的纱线，则每个不同的部分均需逐一取样。

② 试样预处理：当试样上有涂层、整理剂、染料等时，可能会掩盖纤维的特征，干扰鉴别结果，应选择适当的方法和试剂将其去除，注意在处理时不得损伤纤维和改变纤维的性质。

2. 测试过程与结果分析

（1）燃烧法

① 取一小束待鉴别的纤维，用镊子夹住，缓慢移入酒精灯火焰，观察纤维接近火焰时的状态并做记录。

② 将试样移入火焰，使其充分燃烧，观察纤维在火焰中燃烧的状态、火焰的颜色、燃烧速度，嗅出燃烧时发出的气味，并做记录。

③ 将试样移离火焰，观察纤维离开火焰后的燃烧情况，并做记录。

④ 试样停止燃烧时，闻其气味，待试样冷却后观察燃烧残留物的特征，并做记录。

⑤ 对照纤维燃烧特征表，粗略地判断其类别。

燃烧法只能粗略区分出纤维素纤维、蛋白质纤维和合成纤维，不适用于鉴别经过阻燃处理的纤维。要具体区分各大类中的纤维，需要进一步结合其他方法，如显微镜法或溶解法进行鉴别。几种常见纤维的燃烧特征如表 4-1 所列。

表 4-1　几种常见纤维的燃烧特征

纤维种类	燃烧状态			燃烧气味	残留物特征
	靠近火焰时	接触火焰时	离开火焰时		
棉	不熔不缩	立即燃烧	迅速燃烧	纸燃味	细而软的灰黑絮状
麻	不熔不缩	立即燃烧	迅速燃烧	纸燃味	细而软的灰白絮状
蚕丝	熔融卷曲	卷曲、熔融、燃烧	略带闪光燃烧，有时自灭	烧毛发味	松而脆的黑色颗粒
动物绒毛	熔融卷曲	卷曲、熔融、燃烧	燃烧缓慢，有时自灭	烧毛发味	松而脆的黑色焦炭状
黏胶纤维	不熔不缩	立即燃烧	迅速燃烧	纸燃味	少许灰白色灰烬
涤纶	熔缩	熔融燃烧冒黑烟	继续燃烧，有时自灭	有甜味	硬而黑的圆珠状
锦纶	熔缩	熔融燃烧	自灭	氨基味	硬淡棕色透明圆珠状
氨纶	熔缩	熔融燃烧	开始燃烧后自灭	特异气味	白色胶状
丙纶	熔缩	熔融燃烧	熔融燃烧液态下滴	石蜡味	灰白色蜡片状

（2）显微镜法

① 纵向形态观察：取适量纤维均匀地平铺于载玻片上，加上一滴透明介质（注意不要带入气泡），盖上盖玻片，放在生物显微镜载物台上，放大 100～500 倍，观察其形态，与标准资料对比。

② 横截面形态观察：使用哈氏切片器制作厚度为 10 ～30μm 的纤维横截面切片，用镊子将制作好的纤维横截面切片置于载玻片上，加上一滴透明介质（注意不要带入气泡），盖上盖玻片，放在生物显微镜载物台上，放大 100 ～500 倍，观察其形态，与标准资料对比。

显微镜法适用于鉴别天然纤维和生物质纤维，但对外观特征相近的纤维，如涤纶、锦纶等必须借助其他方法。几种常见纤维的纵向和横截面形态特征如表 4-2 所示。

表 4-2　几种常见纤维的纵向和横截面形态特征

纤维种类	纵向形态	横截面形态
棉	扁平带状,稍有天然转曲	有中腔,呈不规则的腰圆形
羊毛	表面粗糙,有鳞片	圆形或近似圆形(或椭圆形)
蚕丝	有光泽,纤维直径及形态有差异	三角形或多边形,角是圆的
亚麻	纤维较细,有竹状横节	多边形,有中腔
黏胶纤维	表面平滑,有清晰条纹	锯齿形
醋酯纤维	表面光滑,有沟槽	三叶形或不规则锯齿形
氯纶	表面平滑	圆形、蚕茧形
涤纶	表面平滑,有的有小黑点	圆形或近似圆形及各种异形截面
锦纶	表面光滑,有小黑点	圆形或近似圆形及各种异形截面

（3）溶解法

① 按照有关规定配制所需溶液。

② 将少量纤维试样用镊子置于试管或烧杯中，注入适量溶剂或溶液，在常温（20～

30℃）下摇动 5min（试样和试剂的用量比至少为 1：50），观察纤维的溶解情况。

③ 对于常温下难溶解的纤维，需进行加热沸腾试验。在装有纤维试样和溶剂或溶液的试管或小烧杯中加热至沸腾并保持 3min，观察纤维的溶解情况。

④ 每个试样取样两份进行试验，若溶解结果差异显著，要进行第三次试验。

溶解法适用于各种纤维及其制品，应用十分广泛。溶剂对纤维的作用分为溶解、微溶、部分溶解和不溶解几种情况，而且溶解速度也不同。因此在观察纤维是否溶解时，需要有良好的照明，避免观察误差。几种常见纤维在不同溶剂中的溶解性能如表 4-3 所示。

表 4-3　几种常见纤维在不同溶剂中的溶解性能

纤维种类	盐酸（30%/24℃）	硫酸（75%/24℃）	氢氧化钠（5%/煮沸）	甲酸（85%/24℃）	冰醋酸（24℃）	间甲酚（24℃）	N,N-二甲基甲酰胺（24℃）	二甲苯（24℃）
棉	不溶解	溶解	不溶解	不溶解	不溶解	不溶解	不溶解	不溶解
羊毛	不溶解	不溶解	溶解	不溶解	不溶解	不溶解	不溶解	不溶解
蚕丝	溶解	溶解	溶解	不溶解	不溶解	不溶解	不溶解	不溶解
麻	不溶解	溶解	不溶解	不溶解	不溶解	不溶解	不溶解	不溶解
黏胶纤维	溶解	溶解	不溶解	不溶解	不溶解	不溶解	不溶解	不溶解
醋酯纤维	溶解	溶解	部分溶解	溶解	溶解	溶解	溶解	不溶解
涤纶	不溶解	不溶解	不溶解	不溶解	不溶解	溶解	不溶解	不溶解
锦纶	溶解	溶解	不溶解	溶解	不溶解	溶解	不溶解	不溶解
腈纶	不溶解	微溶	不溶解	不溶解	不溶解	不溶解	溶解	不溶解
维纶	溶解	溶解	不溶解	溶解	不溶解	溶解	不溶解	不溶解
丙纶	不溶解	不溶解	不溶解	不溶解	不溶解	不溶解	不溶解	溶解
氯纶	不溶解	不溶解	不溶解	不溶解	不溶解	不溶解	溶解	不溶解

（4）含氯含氮呈色反应法

① 含氯试验：取干净的铜丝，用砂纸将表面的氧化层除去，将铜丝在火焰中烧红后立即与试样接触，然后将铜丝移至火焰中，观察火焰是否呈绿色，火焰呈绿色，说明纤维中有氯存在。

② 含氮试验：将少量切碎的纤维放入试管中，并用适量的碳酸钠覆盖，在酒精灯上加热试管，试管口放上红色石蕊试纸，试纸变蓝说明纤维含氮。

含氯含氮呈色反应法适用于鉴别纤维中是否含有氯、氮元素，以便将纤维粗分类。部分含氯含氮纤维的呈色反应如表 4-4 所示。

表 4-4　部分含氯含氮纤维的呈色反应

纤维种类	有无氯	有无氮
蚕丝	无	有
大豆蛋白纤维	无	有
腈纶	无	有

纤维种类	有无氯	有无氮
锦纶	无	有
氯纶	有	无
氨纶	无	有

（5）熔点法

① 取少量纤维置于两片盖玻片之间，置于熔点仪显微镜的电热板上，并调焦使纤维成像清晰。调节升温速率为 $3\sim4℃/min$，在此过程仔细观察纤维形态的变化。当发现盖玻片中的大多数纤维熔化时，此时的温度即为熔点。

② 若用偏光显微镜，调节起、检偏振镜的偏振面相互垂直，使视野黑暗，放置试样使纤维的几何轴在直交的起偏振镜和检偏振镜间的45°位置。熔融前纤维发亮，而其他部分黑暗。当纤维一开始熔化，亮点即消失，那么此时的温度即为熔点。

③ 每个试样测定三次，取其平均值，修约至整数。

熔点法适用于鉴别合成纤维，不适用于天然纤维素纤维、再生纤维素纤维和蛋白质纤维。由于某些合成纤维的熔点比较接近，有些纤维没有明显熔点，因此熔点法一般不单独使用，而是用作验证或用于测定纤维的熔点。

（6）密度梯度法

① 轻、重液体密度的确定。轻、重液体的密度值根据待测试样的密度范围而定。

② 轻、重液体积的确定。根据轻、重两种溶液质量相等的原理，有如下等式：

$$V_A\rho_A=V_B\rho_B \tag{4-1}$$

式中　V_A——重液的体积，mL；

　　　ρ_A——重液的密度，g/cm^3；

　　　V_B——轻液的体积，mL；

　　　ρ_B——轻液的密度，g/cm^3。

一般，重液体积 V_A 配梯度管总体积的一半，即 200mL，可由式（4-1）求得轻液的体积 V_B。轻、重两种溶液可直接选用纯溶剂，但在更多情况下，需要把两种纯溶剂配成混合液才能满足要求。若两种液体的体积具有加和性，则配制轻、重混合液所需溶剂的用量可由式（4-2）确定：

$$V_1\rho_1+V_2\rho_2=(V_A+V_B)\rho \tag{4-2}$$

式中　ρ——混合液密度，g/cm^3；

　　　ρ_1——四氯化碳密度，$1.596g/cm^3$；

　　　ρ_2——二甲苯密度，$0.843g/cm^3$；

　　　V_1——四氯化碳的体积，mL；

　　　V_2——二甲苯的体积，mL。

(V_A+V_B) 可由式（4-1）求得，ρ、ρ_1、ρ_2 均已知，因此可得到 V_1 和 V_2 之间的关系式。

③ 轻、重溶液的配制。按计算量取两种溶液于量筒中，经混合摇匀后，用密度计校正液体的密度，如密度偏低，则滴加重液，反之，则滴加轻液。反复调整直至密度达到要求。

④ 密度梯度管的配制与标定。根据上述公式分别求出轻、重液的体积，用量筒量取后

分别倒入梯度管配制装置的两个三角烧瓶内（轻液瓶在后，重液瓶在前）。打开磁力搅拌器，将液体内的气泡清除，然后调节液体流量，使液体以小于 5mL/min 的流速沿梯度管的内壁缓缓流入梯度管中。待液体流完后，盖上盖子，将梯度管轻轻移入密度梯度测定仪中，投入标准密度玻璃小球，在（25±0.5）℃下平衡 2h 后，用测高仪测定玻璃小球的准确高度（精确至 1mm），作出该梯度管的高度-密度曲线，该曲线应具有良好的线性，否则需重新配制。

⑤ 纤维密度的测定。将试样整理成束，捻成直径为 2～3mm 的纤维小球 5 个。将纤维小球置于称量瓶，在（100±2）℃烘箱内烘干 1h。对于热稳定性差的试样应放置在真空干燥箱中 30℃干燥 0.5h。取出后盖上称量瓶盖子，置于干燥器内冷却 10min。把干燥后的纤维小球放入装有少量二甲苯的离心管中，在 2000r/min 的离心机中离心脱泡 2min 后备用。将经过脱泡处理的纤维小球投入已标定好的密度梯度管内。用测高仪逐一测定纤维小球的高度，并作记录。由高度-密度关系曲线查出每个纤维小球的密度值，并求其平均值，计算结果修约至小数点后两位。将试样的密度值与纤维密度表对比，确定纤维种类。

密度梯度法适用于各类纺织纤维的鉴别，但不适用于中空纤维。几种常见纤维的密度如表 4-5 所示。

表 4-5 几种常见纤维的密度表

纤维种类	密度值/(g/cm³)	纤维种类	密度值/(g/cm³)
棉	1.54	锦纶	1.14
苎麻	1.51	维纶	1.24
亚麻	1.50	偏氯纶	1.70
蚕丝	1.36	氨纶	1.23
羊毛	1.32	丙纶	0.91
黏胶纤维	1.51	氯纶	1.38
醋酯纤维	1.32	涤纶	1.38
腈纶	1.18	莫代尔纤维	1.52

（7）红外光谱法

① 制样。制样方法主要有溴化钾压片法和薄膜法两种。其中薄膜法又由于铸膜方式的不同分为溶解铸膜法和熔融铸膜法。溴化钾压片法是将纤维整理成束，用切片器将纤维切成长度小于 20μm 的粉末，取 2～3mg 与约 100mg 的溴化钾混合，在玛瑙研钵中研磨 2～3min，将研磨均匀的混合物全部移至溴化钾压模中，在约 14MPa 的压力下，抽真空压制 2～3min，即可得到一片透明样片。溶解铸膜法是将纤维试样溶解在合适的溶剂中，然后在晶体板上，用玻璃棒涂膜，待溶剂完全挥发后备用。熔融铸膜法是将纤维试样夹在聚四氟乙烯板中，置于两加热板之间，再压制成透明的薄膜备用。

② 光谱测定。根据需要以及样品和仪器类型，选择合适的扫描条件，将制备好的试样薄片（膜）放置在仪器的样品架上，记录 4000～400cm⁻¹ 波数范围的红外光谱图。

③ 纤维鉴别。将试样的红外光谱与《纺织纤维鉴别试验方法 第 8 部分：红外光谱法》（FZ/T 01057.8—2012）附录 A 中的谱图进行比较，根据其主要吸收谱带及特征频率可参照《纺织纤维鉴别试验方法 第 8 部分：红外光谱法》（FZ/T 01057.8—2012）附录 B 来判断纤维的种类。

（8）双折射率法

① 偏光显微镜中心校正。将载物台旋转 90°，观察试样位置是否变动，如有变动应调节物镜上方的校正螺丝。

② 起偏振片的振动面校正。纤维的放置位置以目镜十字线为准，应使起偏振片的振动面与十字线的任一线一致，检偏振片与起偏振片成正交位置时视野最黑暗，说明起偏振片的振动面与十字线的任一线方向一致，否则需要进行校正。浸没法测定纤维的双折射率，在校好起偏振片方向（与十字线平行）后，将检偏振片移去。

③ 阿贝折射仪校正。在（20±2）℃恒温室内，用三级水进行校正。

④ 制样。将单根纤维放在载玻片上，加一滴浸油，盖上盖玻片备用。

⑤ 平行折射率的测定。将载玻片置于载物台上，先用低倍镜头找出纤维，再用 400～500 倍的镜头观察。调整焦距，观察贝克线变化情况。若视野中贝克线向纤维外围移动，说明浸液折射率高于纤维折射率，应更换为折射率低的浸油。反之，贝克线向内移动，则更换为折射率高的浸油。如此反复试验，直到贝克线消失为止，此时纤维的折射率与浸油的折射率相同。由于浸油的折射率已知，因此可得纤维的平行折射率。

⑥ 垂直折射率的测定。将载物台转动 90°，用上述方法测出纤维的垂直折射率。

⑦ 纤维双折射率的计算。按上述步骤，对每个试样做 3 次平行试验，取其平均值。纤维的双折射率按式（4-3）计算，结果保留至小数点后三位。

$$\Delta n = n_1 - n_2 \tag{4-3}$$

式中　Δn——纤维的双折射率；

　　　n_1——平面偏振光振动方向平行于纤维长轴方向的折射率；

　　　n_2——平面偏振光振动方向垂直于纤维长轴方向的折射率。

⑧ 纤维的鉴别。根据⑦的计算结果，将计算结果与《纺织纤维鉴别试验方法　第 9 部分：双折射率法》（FZ/T 01057.9—2012）附录 A 对照，鉴别纤维种类。

3. 操作注意事项

① 燃烧法只适用于纯纺织物或交织物，其中交织物经纬纱要分别进行燃烧测试，不适用于混纺产品以及经过阻燃处理的产品。

② 显微镜法中将纤维或纤维横截面置于载玻片时，加上一滴透明介质，盖上盖玻片过程中，注意不要带入气泡。

③ 溶解法对纤维的作用分为溶解、微溶、部分溶解和不溶解几种情况，而且溶解速度也不同。因此在观察纤维是否溶解时，需要有良好的照明，避免观察误差。

④ 密度梯度法中将试样整理成束，用打结方式将纤维捻成直径为 2～3mm 的小球，打结时必须轻柔，不能使纤维有任何拉伸。

五、任务实施

1. 工作任务单

任务名称	纤维原料的定性分析
任务来源	某企业购买了一批服装织物，由于工作人员的失误，将几批服装织物弄混，现需重新确定各服装织物的种类。

任务要求	工作人员按照相关标准完成纤维原料的定性分析,在工作过程中学习纤维原料定性分析的测试原理、试样准备、仪器操作、报告撰写等相关知识。
任务清单	一、需查阅的相关资料 1.《纺织纤维鉴别试验方法　第 1 部分:通用说明》(FZ/T 01057.1—2007); 2.《纺织纤维鉴别试验方法　第 2 部分:燃烧法》(FZ/T 01057.2—2007); 3.《纺织纤维鉴别试验方法　第 3 部分:显微镜法》(FZ/T 01057.3—2007); 4.《纺织纤维鉴别试验方法　第 4 部分:溶解法》(FZ/T 01057.4—2007); 5.《纺织纤维鉴别试验方法　第 5 部分:含氯含氮呈色反应法》(FZ/T 01057.5—2007); 6.《纺织纤维鉴别试验方法　第 6 部分:熔点法》(FZ/T 01057.6—2007); 7.《纺织纤维鉴别试验方法　第 7 部分:密度梯度法》(FZ/T 01057.7—2007); 8.《纺织纤维鉴别试验方法　第 8 部分:红外光谱法》(FZ/T 01057.8—2012); 9.《纺织纤维鉴别试验方法　第 9 部分:双折射率法》(FZ/T 01057.9—2012)。 二、设计试验方案 根据所查阅的资料,按照服装织物的性质合理制定试验方案。 三、实践操作 1. 试样的准备:取样,试样预处理; 2. 试样的测试:选择合适的鉴别方法对试样进行测试,记录试验现象和试验数据; 3. 结果的评定。 四、撰写试验报告 按照规范要求撰写试验报告。
工作任务考核	1. 工作任务参与情况; 2. 方案制定及执行情况; 3. 试验报告完成情况。

2. 纤维原料定性分析实训报告单

姓名:	专业班级:	日期:
同组人员:		
一、试验测试标准说明		
二、待测纤维的详细说明 　待测纤维的类型说明:天然纤维、化学纤维、混纺纤维。		

续表

三、试样制备的详细说明 　　根据待测纤维的类型,选择合适的纤维鉴别方法,说明试样制备的方法。
四、所选仪器说明 　　根据待测纤维的类型,选择合适的纤维鉴别方法,说明试验所需的仪器。
五、详细试验条件及试验步骤 　　根据待测纤维的类型,选择合适的纤维鉴别方法,说明试验的条件及步骤。
六、试验结果及分析

任务二　纤维原料定量分析

一、基础知识

　　随着材料科技日新月异的发展,各种化学纤维的混纺和交织产品越来越多。混纺和交织是为了发挥各类纤维的优良性能,以此满足服装材料的不同使用要求。服装材料的性能与组成该材料的纤维密切相关,因此对纤维原料进行定量分析是一项重要的工作。纤维原料的定量分析是将混纺产品组分经定性分析后，确定各种纤维组分百分含量的过程，主要有化学溶解法、手工拆分法和显微镜测定法。

纤维原料定量分析的检测标准是《纺织品　纤维含量的测定　物理法》（FZ/T 01101—2008），《纺织品　定量化学分析　第 1 部分：试验通则》（GB/T 2910.1—2009），《纺织品　定量化学分析　第 2 部分：三组分纤维混合物》（GB/T 2910.2—2009）。

二、测试原理

化学溶解法是利用纤维在化学溶剂中不同的溶解特性，选择适当的溶剂，使混纺产品中某一组分溶解，将混纺产品的纤维组分进行化学分离，从而求得各种纤维在混纺产品中的百分含量。

手工拆分法是针对目测能分辨的纤维，采用手工拆分、烘干、称重的流程，从而计算出纤维的质量含量。

显微镜测定法利用显微镜放大后辨别各种纤维，测量纤维直径或截面面积，结合测得的各类纤维根数，按需分别计算纤维质量含量、体积含量和根数含量。

手工拆分法和显微镜测定法主要用于无法进行化学溶解分离的混合纤维。

三、测试设备

化学溶解法：分析天平、干燥烘箱、干燥器、具塞三角烧瓶、玻璃砂芯坩埚、索氏萃取器、恒温水浴锅等。

手工拆分法和显微镜测定法：显微镜、哈氏切片器、镊子、载玻片、盖玻片、分析天平、烘箱等。

四、测试实例

测试实例一——化学溶解法定量分析两组分纤维混纺产品

1. 试样准备

① 取样。取样应具有代表性。每个试样至少两份，每份试样至少 1g。

② 试样预处理。预处理是为了去除纤维上的油脂、蜡质及其他水溶性物质，分为一般预处理和特殊预处理。一般预处理是将试样放在索氏萃取器中，用石油醚萃取 1h，每小时循环 6～8 次。待试样中的石油醚挥发后，将试样浸入冷水中浸泡 1h，然后在（65±5）℃的水中浸泡 1h。两种情况下浴比均为 1∶100，并不时搅拌溶液。浸泡结束后，将试样脱水、晾干。

若试样中含有石油醚和水不能萃取的非纤维物质，则需要用特殊方法去除，同时要求这种处理方法对纤维组成和形态没有明显影响。

2. 测试过程

① 将预处理后的试样放入干燥烘箱中，在（105±3）℃温度下烘干，再将烘干后的试样放入已知质量的称量瓶内，连同瓶盖放入烘箱内烘干，烘干至恒重，即连续两次称得的质量差不超过 0.1%。

② 烘干后盖上瓶盖，迅速移入干燥器内，冷却。冷却后，从干燥器中取出称量瓶，并在 2min 内称出质量，精确至 0.0002g。

③ 选择溶剂进行溶解处理。

④ 将不溶纤维倒入已知质量的玻璃砂芯坩埚中，连同瓶盖放入干燥烘箱内烘干，然后盖上盖子，迅速移入干燥器内冷却至少 2h，称重，精确至 0.0002g。从差值中求出该试样的干燥质量。

3. 结果处理

① 以净干质量为基础的计算方法见式（4-4）。

$$P = \frac{m_1 d}{m_0} \times 100\% \tag{4-4}$$

式中　P——不溶组分的净干质量分数；

　　m_0——试样的干燥质量，g；

　　m_1——残留物的干燥质量，g；

　　d——不溶组分的质量变化修正系数，当不溶组分质量损失时，d 值大于 1，质量增加时，d 值小于 1。

② 以净干质量为基础，结合公定回潮率的计算方法见式（4-5）。

$$P_M = \frac{100P(1+a_2)}{P(1+0.01a_2)+(100-P)(1+0.01a_1)} \tag{4-5}$$

式中　P_M——结合公定回潮率的不溶组分质量分数，%；

　　P——不溶组分的净干质量百分率，%；

　　a_1——可溶组分的公定回潮率，%；

　　a_2——不溶组分的公定回潮率，%。

③ 以净干质量为基础，结合公定回潮率以及预处理中非纤维物质和纤维物质的损失率的计算方法见式（4-6）。

$$P_A = \frac{100P[1+0.01(a_2+b_2)]}{P[1+0.01(a_2+b_2)]+(100-P)][1+0.01(a_1+b_1)]} \tag{4-6}$$

式中　P_A——结合公定回潮率及非纤维物质损失的混合物中不溶组分质量百分率，%；

　　P——不溶组分的净干质量分数，%；

　　a_1——可溶组分的公定回潮率，%；

　　a_2——不溶组分的公定回潮率，%；

　　b_1——预处理中可溶纤维物质的损失率，和（或）可溶组分中非纤维物质的去除率，%；

　　b_2——预处理中不溶纤维物质的损失率，和（或）不溶组分中非纤维物质的去除率，%。

4. 操作注意事项

化学溶解法时，在干燥、冷却、称重等操作中，不能用手直接接触试样、称量瓶、玻璃砂芯坩埚等。

测试实例二——物理法测定棉/麻混纺产品的混纺比

1. 试样准备

① 取样。取样应具有代表性。

② 试样预处理。预处理是为了去除纤维上的油脂、蜡质及其他水溶性物质，分为一般预处理和特殊预处理。一般预处理是将试样放在索氏萃取器中，用石油醚萃取 1h，每小时循环 6～8 次。待试样中的石油醚挥发后，将试样浸入冷水中浸泡 1h，然后在（65±5）℃的水中浸

泡 1h。两种情况下浴比均为 1∶100，并不时搅拌溶液。浸泡结束后，将试样脱水、晾干。

若试样中含有石油醚和水不能萃取的非纤维物质，则需要用特殊方法去除，同时要求这种处理方法对纤维组成和形态没有明显影响。

2. 测试过程

① 试样的制备。包括纤维横截面的试样制备和纤维纵面的试样制备。

纤维横截面的试样制备是在试样中随机取适量纤维整理平行呈束状，放入哈氏切片器，切去露出的纤维，转动适当的刻度，涂上石蜡，待试样凝固后，切取适当厚度的薄片放置在滴有液体石蜡的载玻片上，盖上盖玻片，供横截面积测量试验用。

纤维纵面的试样制备是将试样整理平行呈束状，用纤维切片器切取约 0.4mm 的短纤维，将短纤维移至表面皿中，加入适量的液体石蜡，必要时加入适量分散剂，充分混合成稠密的悬浮液。将适量悬浮液移至载玻片上，使其均匀展开，盖上盖玻片，注意使载玻片上的纤维分布均匀且不重叠，悬浮液中的纤维不可流失到盖玻片之外。每个试样中抽取的纤维总根数不少于 1500 根。

② 棉、麻纤维的识别。对棉、麻纤维的识别是棉、麻纤维含量测试的关键。采用显微镜观察纤维，将准备好的纤维纵面载玻片放在显微镜上，通过目镜观察进入视野的各类纤维，根据纤维的形态结构特征鉴别其类型并计数。

③ 纤维直径的测定。将准备好的试样放在显微投影仪的载物台上，使测量的纤维都在投影圆圈内。调焦至纤维边缘的影子都能清晰地投射在楔尺上，测量纤维长度中部的投影宽度作为直径，计算每种纤维的平均直径。

④ 纤维横截面的测定。将准备好的载玻片放在纤维投影仪载物台上，校准投影仪，在投影平面内放一张约 30cm×30cm 的方格描图纸，使用铅笔将纤维图像描在描图纸上。计算方格数，测定每根纤维的横截面积，再计算每种纤维的横截面积平均值。

3. 结果处理

① 按测定纤维的平均直径计算每种纤维的质量分数。

麻纤维质量百分含量的计算见式 （4-7)，棉纤维质量分数的计算见式 （4-8)。

$$X_1 = \frac{n_1 d_1^2 r_1}{n_1 d_1^2 r_1 + n_2 d_2^2 r_2} \times 100\ \% \tag{4-7}$$

$$X_2 = 100\% - X_1 \tag{4-8}$$

式中　X_1——麻纤维的质量分数；

　　　X_2——棉纤维的质量分数；

　　　n_1——麻纤维的折算根数，根；

　　　n_2——棉纤维的折算根数，根；

　　　d_1——麻纤维的平均直径，μm；

　　　d_2——棉纤维的平均直径，μm；

　　　r_1——麻纤维的密度，g/cm^3；

　　　r_2——棉纤维的密度，g/cm^3。

② 按测定纤维的横截面积计算每种纤维的质量分数。

麻纤维质量百分含量的计算见式 （4-9)，棉纤维质量百分含量的计算见式 （4-10)。

$$X_1 = \frac{n_1 a_1 r_1}{n_1 a_1 r_1 + n_2 a_2 r_2} \times 100\% \tag{4-9}$$

$$X_2 = 100\% - X_1 \qquad\qquad (4\text{-}10)$$

式中 X_1——麻纤维的质量分数；

       X_2——棉纤维的质量分数；

       a_1——放大 500 倍的麻纤维横截面积，mm^2；

       a_2——放大 500 倍的棉纤维横截面积，mm^2；

       n_1——麻纤维的折算根数，根；

       n_2——棉纤维的折算根数，根；

       r_1——麻纤维的密度，g/cm^3；

       r_2——棉纤维的密度，g/cm^3。

4. 操作注意事项

① 手工拆分法和显微镜测定法主要用于无法进行化学溶解分离的混合纤维的定量分析，如棉/麻混纺产品。

② 试样的预处理不能改变纤维的组成和含量。

五、任务实施

1. 工作任务单

任务名称	棉和涤纶混纺产品混纺比的测定
任务来源	某企业新购进一批棉和涤纶混纺布料，需对其混纺比进行测定，检验其是否符合使用要求。
任务要求	工作人员按照相关标准完成棉和涤纶混纺产品混纺比的测定，在工作过程中学习纤维原料定量分析的测试原理、试样准备、仪器操作、报告撰写等相关知识。
任务清单	一、需查阅的相关资料 1.《纺织品 纤维含量的测定 物理法》(FZ/T 01101—2008)； 2.《纺织品 定量化学分析 第 1 部分：试验通则》(GB/T 2910.1—2009)； 3.《纺织品 定量化学分析 第 2 部分：三组分纤维混合物》(GB/T 2910.2—2009)； 4.《纺织品 定量化学分析 第 11 部分：纤维素纤维与聚酯纤维的混合物（硫酸法）》(GB/T 2910.11—2009)。 二、设计试验方案 根据所查阅的相关资料，按照涤棉混纺布料的性质合理制定实验方案。 三、实践操作 1. 试样的准备：取样，试样的预处理； 2. 将预处理后的试样放入干燥烘箱中烘干，再将烘干后的试样放入已知质量的称量瓶中，烘干至恒重； 3. 烘干后，迅速移入干燥器内，冷却后称重； 4. 选择合适的溶剂进行溶解； 5. 将残留物过滤至玻璃砂芯坩埚，抽滤，洗涤； 6. 将残留物和坩埚烘干，冷却，称重； 7. 结果计算。 四、撰写试验报告 按照规范要求撰写试验报告。
工作任务考核	1. 工作任务参与情况； 2. 方案制定及执行情况； 3. 试验报告完成情况。

2. 棉和涤纶混纺产品混纺比的测定实训报告单

姓名： 专业班级： 日期：
同组人员：
一、试验测试标准说明
二、待测纤维的详细说明
三、试样制备的详细说明
四、所选仪器说明 1. 玻璃砂芯坩埚   2. 索氏萃取器   3. 干燥器   4. 抽滤装置   5. 分析天平

续表

五、详细试验条件及试验步骤
1. 试样的准备
2. 试样的烘干
3. 坩埚与残留物的烘干
4. 冷却
5. 称重
6. 试样的溶解
六、试验结果及分析

项目二　服装材料耐用性能检测

 学习目标

知识目标

1. 了解服装材料耐用性能检测的相关指标。

2. 了解拉伸性能、撕破性能、耐磨性、起毛起球等测试项目所使用仪器的基本结构。

3. 掌握服装材料拉伸、撕破、耐磨性、起毛起球等测试项目的测试原理、测试步骤。

4. 理解服装材料耐用性能（拉伸、撕破、耐磨性、起毛起球）测试结果的影响因素。

能力目标

1. 会根据相关检测国家标准合理制定检测方案。

2. 会操作织物强力机、耐磨仪、撕破仪等检测设备。

3. 会填写测试报告，并对测试结果进行正确分析和判断。

素质目标

1. 培养追求卓越、勇于奉献、敢于创新的职业素养。

2. 树立科学严谨、尊重事实的工作态度。

服装及服装材料的耐用性即服装材料抵抗破坏或淘汰的能力。服装及服装材料经过穿用、洗涤、收藏、保管等环节，会发生一定程度的损坏，从而影响其使用寿命。以传统的评价方式进行，模拟材料损坏的环境，其中最基本的是材料在拉伸、弯曲、摩擦等机械力作用下的破坏形式与状态，包括一次或反复多次的作用，其中主要是一次性破坏。

本项目主要介绍服装材料的耐用性能检测，包括拉伸性能、撕破性能、耐磨性能、起毛起球性能检测等四个任务点。

任务一　服装材料拉伸性能的测定

一、基础知识

拉伸性能是评定服装材料内在质量的重要指标之一，所用的基本指标有断裂强度、断裂伸长率、断裂长度、断裂功和断裂比功等。

断裂强度指标常用来评定材料经过日晒、洗涤、磨损以及各种处理后对材料内在质量的影响。有时也用材料的断裂伸长率作为控制材料内在质量的指标，这是因为在某些生产过程中，材料的断裂强度虽无明显变化，但材料的伸长率却明显下降，从而影响到材料的使用牢度。

在实际工作中，我们需要按照以下标准来开展制样和测试工作。它们分别是：《纺织品　织物拉伸性能　第 1 部分：断裂强力和断裂伸长率的测定（条样法）》（GB/T 3923.1—2013）；《纺织品　织物拉伸性能　第 2 部分：断裂强力和断裂伸长率的测定（抓样法）》（GB/T 3923.2—2013）；《纺织品　调湿和试验用标准大气》（GB/T 6529—2008，ISO 139：2005，MOD）。

二、测定原理

对规定尺寸的织物试样，以恒定速度拉伸直至断裂。记录断裂强力及断裂伸长率。

三、测试设备

等速伸长（CRE）试验仪的计量确认体系应符合 GB/T 19022 规定。等速伸长试验仪应具有以下的一般特性：

① 应具有指示或记录施加于试样上使其拉伸直至断裂的力及相应的试样伸长率的装置。

仪器精度应符合 GB/T 16825.1 规定的 1 级要求。在仪器全量程内的任意点，指示或记录断裂强力的误差应不超过±1％，指示或记录夹钳间距的误差应不超过±1mm。如果采用 GB/T 16825.1 中 2 级精度的拉伸试验仪，应在试验报告中说明。

② 如果使用数据采集电路和软件获得力与伸长率的数值，数据采集的频率应不小于 8 次/s。

③ 仪器应能设定 20mm/min 和 100mm/min 的拉伸速度，精度为±10％。

④ 仪器应能设定 100mm 和 200mm 的隔距长度，精度为±1mm。

⑤ 仪器两夹钳的中心点应处于拉力轴线上，夹钳的钳口线应与拉力线垂直，夹持面应在同一平面上。夹钳面应能握持试样而不使其打滑，不剪切或破坏试样。夹钳面应平整光滑，当平面夹钳夹持试样不能阻止试样滑移时，可使用有纹路的沟槽夹钳。在平面或有纹路的夹钳面上可附其他辅助材料（包括纸张、皮革、塑料和橡胶）提高试样夹持力。夹钳面宽度至少 60mm，且应不小于试样宽度。

注：如果使用平面夹钳不能防止试样滑移或钳口断裂，可采用绞盘夹具，并使用伸长计跟踪试样上的两个标记点来测量伸长。

四、测试实例——服装材料拉伸性能的测定（条样法）

1. 试样准备

预调湿、调湿和试验用大气应按 GB/T 6529 的规定执行。

注：推荐试样在松弛状态下至少调湿 24h。

在湿润状态下试验不要求预调湿和调湿。

对于机织物，试样的长度方向应平行于织物的经向或纬向，其宽度应根据留有毛边的宽度而定。从试样的两侧拆去数量大致相等的纱线，直至试样的宽度符合规定的尺寸。毛边的宽度应保证在试验过程中长度方向的纱线不从毛边中脱出。

注：对一般机织物，毛边约为 5mm 或 15 根纱线的宽度较为合适；对较紧密的机织物，较窄的毛边即可；对较稀松的机织物，毛边约为 10mm。

对于每厘米仅包含少量纱线的织物，拆边纱后应尽可能接近试样规定的宽度。计数整个试样宽度内的纱线根数，如果大于或等于 20 根，则该组试样拆边纱后的试样纱线根数应相同；如果小于 20 根，则试样的宽度应至少包含 20 根纱线。如果试样宽度不是（50±0.5)mm，试样宽度和纱线根数应在试验报告中说明。对于不能拆边纱的织物，应沿织物纵向或横向平行剪切为宽 50mm 的试样。一些只有撕裂才能确定纱线方向的机织物，其试样不应采用剪切法达到要求的宽度。

2. 测试过程

在夹钳中心位置夹持试样，以保证拉力中心线通过夹钳的中点。

启动试验仪，使可移动的夹持器移动，拉伸试样至断裂。记录断裂强力（N），断裂伸长（mm）或断裂伸长率（％）。

记录断裂伸长或断裂伸长率到最接近的数值：

① 断裂伸长率＜8％时：0.4mm 或 0.2％；

② 断裂伸长率≥8％且≤75％：1mm 或 0.5％；

③ 断裂伸长率＞75％时：2mm 或 1％。

每个方向至少试验 5 块试样。

3. 结果处理

分别计算经纬向（或纵横向）的断裂强力平均值，如果需要，计算断裂强力平均值，单位为牛顿（N）。计算结果按如下修约：

① <100 N：修约至 1 N；

② ≥100 N 且<1000 N：修约至 10 N；

③ ≥1000 N：修约至 100 N。

注：根据需要，计算结果可修约至 0.1 N 或 1N。

按式（4-11）和式（4-12）计算每个试样的断裂伸长率，以百分率表示。如果需要，按式（4-13）和式（4-14）计算断裂伸长率。

预张力夹持试样：

$$E=\frac{\Delta L}{L_0}\times100\% \tag{4-11}$$

$$E_r=\frac{\Delta L_t}{L_0}\times100\% \tag{4-12}$$

松式夹持试样：

$$E=\frac{\Delta L'-L'_0}{L_0+L'_0}\times100\% \tag{4-13}$$

$$E_r=\frac{\Delta L'_t-L'_0}{L_0+L'_0}\times100\% \tag{4-14}$$

式中　E——断裂伸长率；

　　ΔL——预张力夹持试样时的断裂伸长；

　　L_0——隔距长度；

　　E_r——断脱伸长率；

　　ΔL_t——预张力夹持试样时的断脱伸长；

　　$\Delta L'$——松式夹持试样时的断裂伸长；

　　L'_0——松式夹持试样达到规定预张力时的伸长；

　　$\Delta L'_t$——松式夹持试样时的断脱伸长。

分别计算经纬向（或纵横向）的断裂伸长率平均值，如果需要，计算断裂伸长率平均值。计算结果按如下修约：

① 断裂伸长率<8%：修约至 0.2%；

② 断裂伸长率≥8% 且≤75%：修约至 0.5%；

③ 断裂伸长率>75%：修约至 1%。

五、任务实施

1. 工作任务单

任务名称	服装材料拉伸性能测定
任务来源	企业新购进一批服装材料，需对其进行检验，测定其是否符合使用要求。
任务要求	检验人员按照相关标准完成服装材料拉伸性能测定，在工作过程中学习拉伸性能测定的原理、试样准备、仪器操作、报告撰写等相关知识。

任务清单	一、需查阅的相关资料 1.《纺织品 织物拉伸性能 第1部分：断裂强力和断裂伸长率的测定（条样法）》(GB/T 3923.1—2013)； 2.《纺织品 织物拉伸性能 第2部分：断裂强力和断裂伸长率的测定（抓样法）》(GB/T 3923.2—2013)； 3.《纺织品 调湿和试验用标准大气》(GB/T 6529—2008,ISO 139:2005,MOD)。 二、设计试验方案 根据服装材料的拉伸性质合理制定测定方案。 三、实践操作 1. 准备测定样品； 2. 对样品进行测定并记录测定数据； 3. 对测定结果进行计算。 四、撰写试验报告 按照规范要求撰写试验报告。
工作任务考核	1. 工作任务参与情况； 2. 方案制定及执行情况； 3. 试验报告完成情况。

2. 服装材料拉伸性能测定实训报告单

姓名：	专业班级：	日期：
同组人员：		

一、试验测试标准说明

二、服装材料拉伸性能样品的详细说明和标志

三、试样制备的详细情况

续表

四、所选仪器说明
五、详细试验条件及试验步骤
六、试验结果及分析

任务二　服装材料撕破性能的测定

一、基础知识

织物在实际穿着与应用过程中，某些部位常会承受突然的撕裂强力，如服装被利物钩住的部位，下蹲时裤子臀部的某些部位等。织物内部纱线逐根受到最大负荷而断裂或裂缝，这种现象称为撕裂或撕破。由于撕破强力试验能客观地反映纺织品在实际穿着中的突然撕裂特性和受整理加工影响的程度，所以在服装国际贸易中应用广泛。自 2007 年以来我国制定的产品标准也逐步将撕破强力列为考核项目，因此学习服装材料撕破性能测试显得愈发重要。

在实际工作中，我们需要按照以下标准来开展制样和测试工作。它们分别是：《纺织品　织物撕破性能　第 1 部分：冲击摆锤法撕破强力的测定》（GB/T 3917.1—2009/ISO 13937—1：2000）；《纺织品　织物撕破性能　第 2 部分：裤形试样（单缝）撕破强力的测定》（GB/T 3917.2—2009）；《纺织品　织物撕破性能　第 3 部分：梯形试样撕破强力的测定》（GB/T 3917.3—2009）；《纺织品　织物撕破性能　第 4 部分：舌形试样（双缝）撕破强力的测定》（GB/T 3917.4—2009）；《纺织品　织物撕破性能　第 5 部分：翼形试样（单缝）撕破强力的测定》（GB/T 3917.5—2009）。

二、测定原理

① 冲击摆锤撕破。试样固定在夹具上，将试样切开一个切口，释放处于最大势能位置的摆锤，可动夹具离开固定夹具时，试样沿切口方向被撕裂，把撕破织物一定长度所做的功换算成撕破力。

② 裤形撕破。夹持裤形试样的两条腿，使试样切口线在上下夹具之间呈直线。开动仪器将拉力施加于切口方向，记录直至撕裂到规定长度内的撕破强力，并根据自动绘图装置所绘曲线上的峰值或通过电子装置计算出撕破强力。

③ 梯形撕破。在试样上画一个梯形，用强力试验仪的夹钳夹住梯形上两条不平行的边。对试样施加连续增加的力，使裂缝沿试样宽度方向传播，测定最大平均撕破力，单位为牛顿（N）。

④ 舌形试样（双缝）撕破。在矩形试样中，切开两条平行切口，形成舌形试样。将舌形试样夹入拉伸试验仪的一个夹钳中，试样的其余部分对称地夹入另一个夹钳，保持两个切口线的顺直平行。在切口方向施加拉力模拟两个平行撕破强力。记录直至撕裂到规定长度的撕破强力，并根据自动绘图装置所绘曲线上的峰值或通过自动电子装置计算出撕破强力。

⑤ 翼形试样（单缝）撕破。一端剪成两翼特定形状的试样，按两翼倾斜于被撕裂纱线的方向进行夹持，施加机械拉力使拉力集中在切口处以使撕裂沿着预想的方向进行，记录直至撕裂到规定长度的撕破强力，并根据自动绘图装置所绘曲线上的峰值或通过自动电子装置计算出撕破强力。

三、测试设备

摆锤法：摆锤试验仪。其他测试方法：用织物等速伸长型强力仪。

四、测试实例——服装材料撕破性能的测定

（一）试样准备

① 摆锤法。每个实验室样品应裁取两组试验试样，一组为经向，另一组为纬向，试样的短边应与经向或纬向平行以保证撕裂沿切口进行。注：除机织物外的样品采用相应的名称来表示方向，例如纵向和横向。

每组至少包含五块试样或合同规定的更多试样，每两块试样不能包含同一长度或宽度方向的纱线，距布边 150mm 内不得取样。

② 裤形法。按规定长度从矩形试样短边中心剪开，形成可供夹持的两个裤腿状的织物撕裂试验试样。

③ 梯形法。一矩形织物撕裂试验试样。试样上标有规定尺寸的、形成等腰梯形的两条夹持试样的标记线。梯形的短边中心剪有一规定尺寸的切口。

④ 舌形法。按规定的宽度及长度在条形试样规定的位置上切割出一便于夹持的舌状织物撕裂试验试样。

⑤ 翼形法。一端按规定角度呈三角形的条形试样，按规定长度沿三角形顶角等分线剪开形成翼状的织物撕裂试验试样。

（二）测试过程

以摆锤法和裤形法为例。

1. 摆锤法

(1) 总则

选择摆锤的质量，使试样的测试结果落在相应标尺满量程的 15%～85% 范围内。校正仪器的零位，将摆锤升到起始位置。

(2) 安装试样

试样夹在夹具中，使试样长边与夹具的顶边平行。将试样夹在中心位置。轻轻将其底边放至夹具的底部，在凹槽对边用小刀切一个 (20±0.5)mm 的切口，余下的撕裂长度为 (43±0.5)mm。

(3) 操作

按下摆锤停止键，放开摆锤。当摆锤回摆时握住它，以免破坏指针的位置，从测量装置标尺分度值或数字显示器读出撕破强力，单位为牛顿（N）。根据使用仪器的种类，读到的数据也许需要乘上由生产商指定的相应系数，来转化为以牛顿为单位的表示结果。检查结果应落在所用标尺的 15%～85% 范围内。每个方向至少重复试验 5 次。

观察撕裂是否沿力的方向进行以及纱线是否从织物上滑移而不是被撕裂。满足以下条件的试验为有效试验：

① 纱线未从织物中滑移；

② 试样未从夹具中滑移；

③ 撕裂完全且撕裂一直在 15mm 宽的凹槽内。

不满足以上条件的试验结果应剔除。

如果五块试样中有三块或三块以上被剔除，则此方法不适用。如果协议要求另外增加试样，最好将试样数量加倍，同时亦应协议试验结果的报告方式。

2. 裤形法

开动仪器，以 100mm/min 的拉伸速率，将试样持续撕破至试样的终点标记处。记录撕破强力（N），如果想要得到试样的撕裂轨迹，可用记录仪或电子记录装置记录每个试样在每一织物方向的撕破长度和撕破曲线。

如果是出自高密度织物的峰值，应该由人工取数。记录纸的走纸速率与拉伸速率的比值应设定为 2∶1。

观察撕破是否是沿所施加力的方向进行以及是否有纱线从织物中滑移而不是被撕裂。满足以下条件的试验为有效试验：

① 纱线未从织物中滑移；

② 试样未从夹具中滑移；

③ 撕裂完全且撕裂是沿着施力方向进行的。

不满足以上条件的试验结果应剔除。

如果 5 个试样中有 3 个或更多个试样的试验结果被剔除，则可认为此方法不适用于该样品。如果协议增加试样，则最好将试样数量加倍，同时亦应协议试验结果的报告方式。

注：如果窄幅试样和宽幅试样都不能满足测试需求时，可以考虑应用其他的方法。

（三）结果处理

1. 摆锤法

冲击摆锤法直接测量试验结果，通常以力值来表示织物的抗撕裂性能，单位为牛顿

（N）。其他单位的表示结果应转化为牛顿。

以牛顿为单位计算每个试验方向的撕破强力的算术平均值，保留两位有效数字。

如有需要，计算变异系数（精确至 0.1％）和 95％的置信区间，保留两位有效数字，单位为牛顿。如有需要，记录样品每个方向的最大及最小撕破强力。

2. 裤形法

以每个试样的平均值计算出所有同方向的试样撕破强力的总算术平均值，以牛顿（N）表示，保留两位有效数字。如果需要，计算变异系数，精确至 0.1％；并用试样平均值计算 95％置信区间，保留两位有效数字。

五、任务实施

1. 工作任务单

任务名称	服装材料撕破性能测定
任务来源	企业新购进一批服装材料,需对其进行撕破力检验,测定其是否符合使用要求。
任务要求	检验人员按照服装材料选择相关标准完成撕破力测定,在工作过程中学习撕破性能测定的原理、试样准备、仪器操作、报告撰写等相关知识。
任务清单	一、需查阅的相关资料 1.《纺织品 织物撕破性能 第 1 部分:冲击摆锤法撕破强力的测定》(GB/T 3917.1—2009/ISO 13937—1:2000); 2.《纺织品 织物撕破性能 第 2 部分:裤形试样(单缝)撕破强力的测定》(GB/T 3917.2—2009); 3.《纺织品 织物撕破性能 第 3 部分:梯形试样撕破强力的测定》(GB/T 3917.3—2009); 4.《纺织品 织物撕破性能 第 4 部分:舌形试样(双缝)撕破强力的测定》(GB/T 3917.4—2009); 5.《纺织品 织物撕破性能 第 5 部分:翼形试样(单缝)撕破强力的测定》(GB/T 3917.5—2009)。 二、设计试验方案 根据服装材料性质合理制定测定方案。 三、实践操作 1. 准备测定样品; 2. 对样品进行测定并记录测定数据; 3. 对测定结果进行计算。 四、撰写试验报告 按照规范要求撰写试验报告。
工作任务考核	1. 工作任务参与情况; 2. 方案制定及执行情况; 3. 试验报告完成情况。

2. 服装材料撕破性能的测定实训报告单

姓名：	专业班级：	日期：

同组人员：

一、试验测试标准说明

二、服装材料撕破性测试样品的详细说明和标志
三、试样制备的详细情况
四、所选仪器说明
五、详细试验条件及试验步骤
六、试验结果及分析

任务三　服装材料耐磨性测定

一、基础知识

织物在使用过程中，由于使用场合不同，会受到各种不同外界因素的作用，逐渐降低使用价值，以致最后损坏。虽然织物在使用过程中造成损坏的因素有很多，但实践表明磨损是主要原因之一。磨损是指织物与另一物体由于反复摩擦而使织物逐渐损坏的过程，而耐磨性就是织物具有的抵抗磨损的特性。虽然织物的磨损牢度目前尚未作为国家标准进行考核，但织物的耐磨性试验仍是不可缺少的，它对评定织物的服用牢度有重要的意义。

服装的磨损主要是由于织物中的纤维或单丝受到机械损伤或纤维间的相互联系遭到破坏。织物在外力摩擦作用下所发生的机械破损，主要有擦毛、磨损、纤维的切割和拔脱等现象。

在实际工作中，我们需要按照以下标准来开展制样和测试工作。它们分别是：《纺织品　马丁代尔法织物耐磨性的测定　第 1 部分：马丁代尔耐磨试验仪》（GB/T 21196.1—2007）；《纺织品　马丁代尔法织物耐磨性的测定　第 2 部分：试样破损的测定》（GB/T 21196.2—2007）；《纺织品　马丁代尔法织物耐磨性的测定　第 3 部分：质量损失的测定》（GB/T 21196.3—2007）；《纺织品　马丁代尔法织物耐磨性的测定　第 4 部分：外观变化的评定》（GB/T 21196.4—2007）。

二、测定原理

安装在马丁代尔耐磨试验仪试样夹具内的圆形试样，在规定的负荷下，以轨迹为李萨如（又译李莎茹）（Lissajous）图形的平面运动与磨料（即标准织物）进行摩擦，试样夹具可绕其与水平面垂直的轴自由转动。根据试样破损的总摩擦次数，确定织物的耐磨性能。

三、测试设备

马丁代尔耐磨试验仪由装有磨台和传动装置的基座构成。传动装置包括 2 个外轮和 1 个内轮，该装置使试样夹具导板运动轨迹形成李萨如图形。

试样夹具导板在传动装置的驱动下做平面运动，导板的每一点描绘相同的李萨茹图形。

试样夹具导板装配有轴承座和低摩擦轴承，带动试样夹具销轴运动。每个试样夹具销轴的最下端插入其对应的试样夹具接套，在销轴的最顶端可放置加载块。

试样夹具包括接套、嵌块和压紧螺母。

试验仪应具备预设计数功能，以此来记录摩擦次数。

四、测试实例——服装材料耐磨性能的测定

1. 试样准备

从实验室样品上模压或剪切试样。要特别注意切边的整齐状况，以避免在下一步处理时发生不必要的材料损耗。

以相同的方式准备磨料织物、毛毡和泡沫塑料等辅助材料。

注：在某些情况下，可以得到已备好尺寸的辅助材料。

将试样夹具压紧螺母放在仪器台的安装装置上，试样摩擦面朝下，居中放在压紧螺母

内。当试样的单位面积质量小于 $500g/m^2$ 时，将泡沫塑料衬垫放在试样上。将试样夹具嵌块放在压紧螺母内，再将试样夹具接套放上后拧紧。

注：安装试样时，需避免织物被弄歪变形。

2. 测试过程

启动仪器，对试样进行连续摩擦，直至达到预先设定的摩擦次数。从仪器上小心地取下装有试样的试样夹具，不要损伤或弄歪纱线，检查整个试样摩擦面内的破损迹象。如果还未出现破损，将试样夹具重新放在仪器上，开始进行下一个检查间隔的试验和评定，直到摩擦终点即观察到试样破损。使用放大装置查看试样。

对于熟悉的织物，试验时根据试样估算耐磨次数的范围，选择和设定检查间隔（见表4-6），如果有必要，需进行试样预处理。

注：对于不熟悉的织物，建议进行预试验，以每2000次摩擦为检查间隔，直至摩擦终点。

表 4-6　磨损试验的检查间隔

试验系列	预计试样出现破损时的摩擦次数/次	检查间隔/次
0	≤2000	200
a	>2000 且≤5000	1000
b	>5000 且≤20000	2000
c	>20000 且≤40000	5000
d	>40000	10000

注：1. 以确定破损的确切摩擦次数为目的的试验，当试验接近终点时，可减小间隔，直到终点。

2. 选择检查间隔应经有关方面同意。

如果摩擦次数超过磨料的有效寿命，每到有效寿命的临界次数，（如果需要）或在较早阶段中断摩擦，以更换新磨料。在不到临界次数就中断的情况下，要非常小心地从仪器上取下装有试样的试样夹具，以避免损伤。更换新磨料后，继续试验，直到所有试样达到规定的终点或破损。

如果试样经摩擦后起球，可采用下列步骤之一：

① 继续试验，报告中记录这一事实；

② 剪掉球粒，继续试验，报告中记录这一事实。

3. 结果处理

测定每一个试样发生破损时的总摩擦次数，以试样破损前累计的摩擦次数作为耐磨次数。如果需要，计算耐磨次数的平均值及平均值的置信区间。

如果需要，按《纺织品　色牢度试验　评定变色用灰色样卡》（GB/T 250—2008）评定试样摩擦区域的变色。

注：关于纺织品的统计评估或纺织品的感官检验见 GB/T 6379.1～GB/T 6379.6 标准。

根据每一个试样在试验前后的质量差异，求出其质量损失。

计算相同摩擦次数下各个试样的质量损失平均值，修约至整数。如果需要，计算平均值的置信区间、标准偏差和变异系数（CV），修约至小数点后一位，当按照表4-6的摩擦次数完成试验后，根据各摩擦次数对应的平均质量损失（如果需要，指出平均值的置信区间）作图，按式（4-15）计算耐磨指数。

$$A_i = \frac{n}{\Delta m} \qquad (4\text{-}15)$$

式中　A_i——耐磨指数，次/mg；

　　　n——总摩擦次数，次；

　　　Δm——试样在总摩擦次数下的质量损失，mg。

五、任务实施

1. 工作任务单

任务名称	服装材料耐磨性的测定
任务来源	企业新购进一批服装材料,需对其进行检验,测定其是否符合使用要求。
任务要求	检验人员按照相关标准完成服装材料耐磨性的测定,在工作过程中学习服装材料耐磨性测定的原理、试样准备、仪器操作、报告撰写等相关知识。
任务清单	一、需查阅的相关资料 1.《纺织品　马丁代尔法织物耐磨性的测定　第 1 部分:马丁代尔耐磨试验仪》(GB/T 21196.1—2007); 2.《纺织品　马丁代尔法织物耐磨性的测定　第 2 部分:试样破损的测定》(GB/T 21196.2—2007); 3.《纺织品　马丁代尔法织物耐磨性的测定　第 3 部分:质量损失的测定》(GB/T 21196.3—2007); 4.《纺织品　马丁代尔法织物耐磨性的测定　第 4 部分:外观变化的评定》(GB/T 21196.4—2007)。 二、设计试验方案 根据服装材料的性质合理制定测定方案。 三、实践操作 1. 准备测定样品; 2. 对样品进行测定并记录测定数据; 3. 对测定结果进行计算。 四、撰写试验报告 按照规范要求撰写试验报告。
工作任务考核	1. 工作任务参与情况; 2. 方案制定及执行情况; 3. 试验报告完成情况。

2. 服装材料耐磨性的测定实训报告单

姓名:　　　　　　　　专业班级:　　　　　　　　　　　　日期:
同组人员:
一、试验测试标准说明

续表

二、服装材料耐磨性测试样品的详细说明和标志
三、试样制备的详细情况
四、所选仪器说明
五、详细试验条件及试验步骤
六、试验结果及分析

任务四　服装材料起毛起球的测定

一、基础知识

在现实生活中，经常会遇到服装产品穿着及护理过程中出现起毛起球现象，严重影响服装外观，由此引发消费者投诉、退货，不但给消费者造成了麻烦，也影响了商家的信誉。起毛起球在服装质量投诉中占比非常高，不同的消费者对起毛起球的可接受程度不同，同样的服装被不同的人穿也会产生明显不同的起毛起球现象，甚至一些起毛起球指标合格的产品也会出现严重的起毛起球现象，不但消费者烦恼，服装厂商也困惑，起毛起球这个普通的检测项目也成为服装质量控制的难题。服装的起毛起球是指服装在穿着时受到机械摩擦作用，纤维露出，织物表面起毛，继续摩擦后，纤维缠结继而成球的现象。起毛起球是一项动态性能，起球速度经常随着穿着时间变化而变化。影响起毛起球的因素很多，包括纤维种类、纤维细度、纱线捻度、组织结构、面料风格、整理工艺、穿着习惯等。由于影响起毛起球的多因素性，目前还没有一个统一的检测方法能准确反映出不同面料在使用过程中的起球倾向性，此外，服装面料起毛起球性能又和手感、穿着舒适度等存在一定的矛盾，很多时候为了追求手感、舒适而牺牲起毛起球性能，这些都为服装的起毛起球质量控制带来难度。

在实际工作中，我们需要按照以下标准来开展制样和测试工作。它们分别是：《纺织品 织物起毛起球性能的测定 第1部分：圆轨迹法》（GB/T 4802.1—2008）；《纺织品 织物起毛起球性能的测定 第2部分：改型马丁代尔法》（GB/T 4802.2—2008）；《纺织品 织物起毛起球性能的测定 第3部分：起球箱法》（GB/T 4802.3—2008）；《纺织品 织物起毛起球性能的测定 第4部分：随机翻滚法》（GB/T 4802.4—2020）。

二、测定原理

按规定方法和试验参数，采用尼龙刷和织物磨料或仅用织物磨料，使试样摩擦起毛起球。然后在规定光照条件下，对起毛起球性能进行视觉描述评定。

三、测试设备

织物起毛起球测试仪如图4-1所示，适用于测试毛织物和化纤纯纺、混纺、针织、机织物的起毛起球状况。

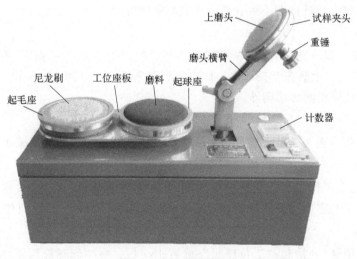

图 4-1 起毛起球测试仪

四、测试实例——服装材料起毛起球性能的测定（圆轨迹法）

1. 参数选择

试验参数及适用织物类型示例如表 4-7 所示。

表 4-7 试验参数及适用织物类型示例

参数类别	压力/cN	起毛次数	起球次数	适用织物类型示例
A	590	150	150	工作服面料、运动服装面料、紧密厚重织物等
B	590	50	50	合成纤维长丝外衣织物等
C	490	30	50	军需服（精梳混纺）面料等
D	490	10	50	化纤混纺、交织织物等
E	780	0	600	精梳毛织物、轻起绒织物、短纤维编针织物、内衣面料等
F	490	0	50	粗梳毛织物、绒类织物、松结构织物等

注：1. 表中未列的其他织物可以参照表中所列类似织物或按有关各方商定选择参数类别。

2. 根据需要或有关各方协商同意，可以适当选择参数类别，但应在报告中说明。

3. 考虑到所有类型织物测试或穿着时的起球情况是不可能的，因此有关各方可以采用取得一致意见的试验参数，并在报告中说明。

2. 磨料准备

① 尼龙刷：尼龙丝直径 0.3mm，植丝孔径 4.5mm，每孔尼龙丝 150 根，孔距 7mm，刷面要平齐，刷上有调节板，可调节尼龙丝有效高度。

② 织物磨料：2201 全毛华达呢，组织为 2/2 右斜纹，线密度为 19.6tex×2，捻度为 Z625－S700，密度为（445 根/10cm）×（224 根/10cm），单位面积质量为 305g/m²。

3. 试样准备

用裁样器或模板剪切裁取直径为（113±0.5）mm 的圆形试样 5 块，并做好织物反面标记，同时另剪一块评级所需的同样规格的对比样。取样应距布边 10cm 以上，各试样不应包括相同的经纱和纬纱，试样上不得有影响试验结果的疵点。

4. 测试过程

① 检查仪器，清洁尼龙刷，分别将织物磨料、尼龙刷装在"起球座"和"起毛座"上；

② 将试样装入"上磨头"夹环内，试样内垫泡沫塑料片（约 270g/m²，厚约 8mm，直径约 105mm），试样正面必须朝外。

5. 参数设置

根据所选参数（表 4-7），调整"上磨头"轴上的重锤规格和预置摩擦次数值。

6. 起毛测试

"起毛座"处于工作位置，翻转"磨头横臂"，使"上磨头"上的试样压在"起毛座"上，按"复位"键归零后再按"启动"键开始试验，摩擦结束后，仪器自停。

7. 起球测试

掀起"磨头横臂"，抬起"工位座板"旋转 180°后，将"起球座"平稳落于工作位置，翻转"磨头横臂"，使"上磨头"上的试样压在"起球座"上，按"复位"键归零后再按"启动"键，按照"3（试样准备）—4（测试过程）"进行下一次摩擦转动。

8. 结果处理

起毛起球测试结束后，取下试样，在评级箱或其他规定光照条件下，将起毛起球后的织物与对比样进行观察对比，得到视觉描述的评级（表4-8），精确至0.5级，单个人员的评级结果为其对所有试样评定等级的平均值。

由于评定的主观性，建议至少2人对试样进行评级。样品的试验结果为全部人员评级的平均值，修约至最近的0.5级，并用"-"表示。如3.5级用"3-4"级表示。

如单个测试结果与平均值之差超过半级，则应同时报告每一块试样的级数。

表 4-8 视觉描述评级

级数	状态描述
5	无变化
4	表面轻微起毛和(或)轻微起球
3	表面中度起毛和(或)中度起球,不同大小和密度的球覆盖试样的部分表面
2	表面明显起毛和(或)起球,不同大小和密度的球覆盖试样的大部分表面
1	表面严重起毛和(或)起球,不同大小和密度的球覆盖试样的整个表面

五、任务实施

1. 工作任务单

任务名称	服装材料起毛起球性能的测定
任务来源	企业新购进一批服装材料,需对其起毛起球性能进行检验,测定其是否符合使用要求。
任务要求	检验人员按照相关标准完成服装材料起毛起球性能的测定,在工作过程中学习服装材料起毛起球性能测定的原理、试样准备、仪器操作、报告撰写等相关知识。
任务清单	一、需查阅的相关资料 1.《纺织品 织物起毛起球性能的测定 第1部分:圆轨迹法》(GB/T 4802.1—2008); 2.《纺织品 织物起毛起球性能的测定 第2部分:改型马丁代尔法》(GB/T 4802.2—2008); 3.《纺织品 织物起毛起球性能的测定 第3部分:起球箱法》(GB/T 4802.3—2008); 4.《纺织品 织物起毛起球性能的测定 第4部分:随机翻滚法》(GB/T 4802.4—2020)。 二、设计试验方案 根据服装材料的性质合理制定测定方案。 三、实践操作 1. 准备测定样品; 2. 对样品进行测定并记录测定数据; 3. 对测定结果进行计算。 四、撰写试验报告 按照规范要求撰写试验报告。
工作任务考核	1. 工作任务参与情况; 2. 方案制定及执行情况; 3. 试验报告完成情况。

2. 服装材料起毛起球性能的测定实训报告单

| 姓名： | 专业班级： | 日期： |

同组人员：

一、试验测试标准说明

二、服装材料起毛起球测试样品的详细说明和标志

三、试样制备的详细情况

四、所选仪器说明

五、详细试验条件及试验步骤

续表

六、试验结果及分析

项目三 服装材料色牢度检测

 学习目标

知识目标

1. 了解服装材料色牢度检测的相关指标。

2. 了解服装材料耐摩擦色牢度、耐皂洗色牢度、耐光色牢度、耐汗渍色牢度和耐洗色牢度等检测项目所使用仪器的基本结构。

3. 掌握服装材料耐摩擦色牢度、耐皂洗色牢度、耐光色牢度、耐汗渍色牢度和耐洗色牢度等检测项目的测试原理、测试步骤。

4. 理解服装材料色牢度检测结果的影响因素。

能力目标

1. 会根据相关检测国家标准合理制定检测方案。

2. 会操作耐摩擦色牢度试验仪、耐洗色牢度试验仪、耐光色牢度试验仪、耐汗渍色牢度试验仪等检测设备。

3. 会填写测试报告，并对测试结果进行正确判断。

素质目标

1. 培养追求卓越、勇于奉献、敢于创新的职业素养。

2. 培养诚信敬业、文明友善、民主和谐的价值观。

服装材料在使用过程中会受到光照、洗涤、汗渍、摩擦和化学试剂等各种外界作用，使服装材料发生褪色或变色现象，从而影响服装的外观美感。这就要求印染服装材料的色泽相对保持一定牢度。

色牢度是指服装材料的颜色在加工和使用过程中对各种作用的抵抗力。根据试样的变色和未染色贴衬织物的沾色来评定色牢度等级。常见的色牢度检测项目有耐洗色牢度、耐光色牢度和耐摩擦色牢度。此外还有耐水、耐汗渍、耐次氯酸漂白等色牢度的检测。实际工作中，主要根据产品标准的要求和产品的用途来决定检测项目。例如，用于运动服装的材料要求具有较好的耐日晒、耐皂洗和耐汗渍的色牢度。

本项目主要介绍服装材料色牢度的检测，包括耐摩擦色牢度的测定、耐皂洗色牢度的测定、耐光色牢度的测定、耐汗渍色牢度的测定和耐水洗色牢度的测定等五个任务点。

任务一　耐摩擦色牢度的测定

一、基础知识

服装在穿着过程中经常要与其他物体进行摩擦，若染料的染色牢度不好，在摩擦过程中会沾染其他物品，因此对服装材料的耐摩擦色牢度有一定要求。耐摩擦色牢度是指染色织物经过摩擦后颜色的坚牢程度，分为干态摩擦和湿态摩擦。在摩擦过程中只有沾色，没有变色。沾色是指沾染其他纺织品，使其他纺织品的颜色发生变化。耐摩擦色牢度以摩擦布的沾色程度作为评价原则，分为 5 级。级数越大，表示耐摩擦色牢度越好。

耐摩擦色牢度的检测标准是《纺织品　色牢度试验　耐摩擦色牢度》（GB/T 3920—2008）。

二、测试原理

将试样分别与一块干摩擦布和一块湿摩擦布按照规定的压力、速度进行摩擦，评定摩擦布的沾色程度。耐摩擦色牢度试验仪通过两个可选尺寸的摩擦头提供了两种组合试验条件：一种用于绒类织物；另一种用于单色织物或大面积印花织物。

三、测试设备

① 耐摩擦色牢度试验仪，具有两种可选尺寸的摩擦头做往复直线摩擦运动，摩擦头施加的垂直压力为（9±0.2）N，直线往复动程为（104±3）mm。其中，长方形摩擦头的尺寸为 19mm × 25.4mm，适用于绒类织物；圆形摩擦头的直径为 16mm，适用于其他纺织品。

② 棉摩擦布，符合《纺织品　色牢度试验　标准贴衬织物　第 2 部分：棉和粘胶纤维》❶（GB/T 7568.2—2008）规定，裁剪成（50±2）mm ×（50±2）mm 的正方形用于圆形摩擦头，裁剪成（25±2）mm ×（100±2）mm 的长方形用于长方形摩擦头。

③ 耐水细砂纸，或不锈钢丝直径 1mm、网孔宽约 20mm 的金属网。

④ 评定沾色用灰色样卡，符合《纺织品　色牢度试验　评定沾色用灰色样卡》（GB/T 251—2008）。

四、测试实例

1. 试样准备

① 取样。准备两组尺寸不小于 50mm ×140mm 的试样，分别用于干摩擦试验和湿摩擦试验。每组两块，其中一块试样的长度方向平行于经纱，另一块试样的长度方向平行于纬

---

❶ 粘胶纤维现一般写作黏胶纤维。

纱。当被测试的试样有多种颜色时，注意取样位置，应使所有颜色均被摩擦到。

② 调湿。在试验前，将试样和摩擦布置于《纺织品 调湿和试验用标准大气》（GB/T 6529—2008）规定的标准大气下调湿 4h 以上。对于棉或羊毛等织物可能需要更长的调湿时间。

2. 测试过程

① 检查仪器设备，准备相关材料。

② 打开电源开关，设定测试所需要的摩擦次数。

③ 干摩擦试验。用夹紧装置将试样固定在试验仪平台上，以摩擦试样不松动为准。将干摩擦布固定在摩擦头上进行试验，使摩擦布的经向与摩擦头的运行方向一致。摩擦头的运行速度为每秒一个往复循环，共摩擦 10 个循环。试样的摩擦动程为（104±3）mm，施加的垂直压力为（9±0.2）N。取下摩擦布，去除摩擦布上可能影响评级的多余纤维。

④ 湿摩擦试验。将干摩擦布用蒸馏水浸透后取出，经轧液装置挤压使摩擦布含水量为 95%～100%。将湿摩擦布固定在摩擦头上，按上述方法做湿摩擦试验。试验结束后，将摩擦布放置在室温下晾干。取下摩擦布，去除摩擦布上可能影响评级的多余纤维。

⑤ 评定。试验结束后，在适宜的光源下，用评定沾色用灰色样卡《纺织品 色牢度试验 评定沾色用灰色样卡》（GB/T 251—2008）分别评定试样经、纬向的干、湿摩擦的沾色级数。评定时，在每个被评摩擦布的背面放置三层摩擦布。

3. 结果处理

耐摩擦色牢度以摩擦布的沾色程度作为评价原则，分为 5 级。级数越高，表示耐摩擦色牢度越好。花布的各种色泽，分别评定，并以其中最低等级为代表。评级时，如实际等级低于 1 级标准，仍评为 1 级。

4. 操作注意事项

① 绒类织物用长方形摩擦头，其他织物用圆形摩擦头。

② 耐摩擦色牢度测试应在试样的正面进行。如摩擦布上有多余纤维，必须用毛刷将其去除。

③ 测试前应仔细检查摩擦头的摩擦面是否平滑无凹凸。

④ 摩擦布固定在摩擦头上不能松动。固定后，应小心地将摩擦头放在试样上，避免意外增强沾色程度。

五、任务实施

1. 工作任务单

任务名称	织物耐摩擦色牢度的测定
任务来源	某企业生产了一批服装织物，现需对其耐摩擦色牢度进行测定，检验其是否符合使用要求。
任务要求	工作人员按照相关标准完成织物耐摩擦色牢度的测试，在测试过程中学习织物耐摩擦色牢度的测试原理、试样准备、仪器操作、报告撰写等相关知识。
任务清单	一、需查阅的相关资料 1.《纺织品 色牢度试验 耐摩擦色牢度》(GB/T 3920—2008)； 2.《纺织品 色牢度试验 评定沾色用灰色样卡》(GB/T 251—2008)； 3.《纺织品 调湿和试验用标准大气》(GB/T 6529—2008)。

续表

任务清单	二、设计试验方案 根据所查阅的相关资料,按照服装织物的性质合理制定试验方案。 三、实践操作 1.试样的准备:取样,调湿; 2.干摩擦试验:检查设备,设定测试所需摩擦次数,将干摩擦布固定在摩擦头进行试验; 3.湿摩擦试验:检查设备,设定测试所需摩擦次数,将湿摩擦布固定在摩擦头进行试验; 4.结果的评定:试验结束后,用评定沾色用灰色样卡分别评定干、湿摩擦布的沾色级数。 四、撰写试验报告 按照规范要求撰写试验报告。
工作任务考核	1.工作任务参与情况; 2.方案制定及执行情况; 3.试验报告完成情况。

2. 织物耐摩擦色牢度的测定实训报告单

姓名: 专业班级: 日期:
同组人员:
一、试验测试标准说明
二、待测织物的详细说明 织物的类型说明:绒类织物、单色织物或者大面积的印花织物。
三、试样制备的详细说明 根据待测织物的类型,说明试样制备的形状和尺寸。

续表

四、所选仪器说明
1. 耐摩擦色牢度试验仪   　2. 摩擦头   　3. 棉摩擦布   　4. 灰色样卡
五、详细试验条件及试验步骤 　1. 试样的准备（取样、调湿）   　2. 检查设备仪器，准备相关材料   　3. 干摩擦试验   　4. 湿摩擦试验   　5. 结果评定
六、试验结果及分析

任务二　耐皂洗色牢度的测定

一、基础知识

在日常生活中，服装都要进行洗涤，在洗涤液的作用下，染料会从服装材料上脱落，使服装材料原本的颜色发生变化，我们称为变色。同时进入洗涤液的染料又会沾染其他纺织品，使其他纺织品的颜色发生变化，我们称为沾色。这就要求服装材料的色牢度要达到一定的要求。

色牢度是指服装材料的颜色在加工和使用过程中对各种作用的抵抗力。根据试样的变色和未染色贴衬织物的沾色来评定色牢度等级。耐皂洗色牢度是指服装材料耐皂洗的程度。各类染料的耐皂洗色牢度相差较大，一般而言，有亲水基团的染料耐皂洗色牢度低于没有亲水基团的染料。

耐皂洗色牢度的检测标准是《纺织品　色牢度试验　耐皂洗色牢度》（GB/T 3921—2008）。

二、测试原理

将试样与一块或两块规定的标准贴衬织物缝合，放于皂液或肥皂和无水碳酸钠混合液中，在规定的时间和温度条件下进行机械搅拌，再经清洗和干燥。以原样作为参照样，用灰色样卡或仪器评定试样的变色和贴衬织物的沾色。

三、测试设备

① 耐洗色牢度试验仪，主要由耐洗试样杯、温度控制装置、加热器、水位控制装置等组成。

② 天平，精确至±0.01g。

③ 耐腐蚀的不锈钢珠，直径约为6mm。

④ 评定变色用灰色样卡，符合《纺织品　色牢度试验　评定变色用灰色样卡》（GB/T 250—2008）。

⑤ 评定沾色用灰色样卡，符合《纺织品　色牢度试验　评定沾色用灰色样卡》（GB/T 251—2008）。

四、测试实例

1. 试样准备

① 取样。试样尺寸为40mm×100mm，贴衬织物尺寸与试样尺寸相同。试样可以夹于两块规定的单纤维贴衬织物之间或相接于一块多纤维贴衬织物，沿试样短边缝合，形成一个组成试样。

单纤维贴衬织物，第一块用与试样同类的纤维制成，第二块则由单纤维制成，单纤维贴衬织物的选择参照表4-9。如试样为混纺或交织品，则第一块由主要含量的纤维制成，第二块由次要含量的纤维制成。

表 4-9　单纤维贴衬织物

第一块	第二块	
	40℃和50℃的试验	60℃和95℃的试验
棉	羊毛	黏胶纤维
羊毛	棉	—
丝	棉	—
麻	羊毛	黏胶纤维
黏胶纤维	羊毛	棉
醋酯纤维	黏胶纤维	黏胶纤维
聚酰胺	羊毛或棉	棉
聚酯	羊毛或棉	棉
聚丙烯腈	羊毛或棉	棉

　　多纤维贴衬织物，根据试验温度选用。含羊毛和醋酯纤维的多纤维贴衬织物用于40℃和50℃的试验；不含羊毛和醋酯纤维的多纤维贴衬织物用于某些60℃和所有95℃的试验。

　　② 称重。用天平测定组合试样的质量，单位为 g，以便精确浴比。

　　③ 皂液的制备。按照试验方法制备皂液，皂液由5g/L的皂片或5g/L皂片和2g/L无水碳酸钠组成。皂片不含荧光增白剂。将皂片充分地溶解在温度为（25±5）℃的三级水中，搅拌时间为（10±1）min。

　　2. 测试过程

　　① 检查仪器设备，准备相关材料。

　　② 根据各种产品标准选定试验方法，设定温度和时间参数。我国标准耐皂洗色牢度试验方法有五种，其试验条件和试验配方如表4-10所示。

表 4-10　试验条件

试验方法编号	温度	时间	钢珠数量	碳酸钠
1	40℃	30min	0	—
2	50℃	45min	0	—
3	60℃	30min	0	+
4	95℃	30min	10	+
5	95℃	4h	10	+

　　注：碳酸钠项下的"+"表示有碳酸钠，"-"表示无碳酸钠。

　　③ 按照浴比50∶1，量取皂液倒入试样杯中，并放入预热室预热。当温度到达规定温度后，取出试样杯，将组合样放入试样杯，盖好试样杯，放入工作室，开始搅拌并计时。

　　④ 洗涤结束后，取出组合试样。将组合试样用三级水清洗两遍，然后在流动水中冲洗

至干净，挤去水分，悬挂在不超过 60℃的空气中干燥。试验结束后，注意试样的"清洗"和"挤干"。因为余液中残留染料会加重贴衬织物的沾色而影响测试结果。若清洗不充分，将试样置于 40℃的温水中反复漂洗几次再晾干即可。

⑤ 评定：试验结束后，用灰色样卡对比原始试样，评定试样的变色和贴衬织物的沾色。

3. 结果处理

测试完毕后，在标准光源下，对比原始试样，用灰色样卡评定试样的变色和贴衬织物的沾色。

变色评定用灰色样卡分为 5 级，5 级变色色牢度最好，表示试验后试样与原样无区别，1 级变色色牢度最差。

沾色评定用灰色样卡分为 5 级，5 级沾色色牢度最好，1 级沾色最严重。贴衬织物的沾色程度以贴衬织物与试样接触的一面加以评定。如果采用单纤维贴衬织物，应记录所用的每种贴衬织物的沾色级数；如果采用多纤维贴衬织物，应记录其型号和每种纤维的沾色级数。

4. 操作注意事项

试验结束后，注意试样的清洗和挤干，因为余液中残留染料会加重贴衬织物的沾色而影响测试结果。

五、任务实施

1. 工作任务单

任务名称	织物耐皂洗色牢度的测定
任务来源	某企业生产了一批服装织物,现需对其耐皂洗色牢度进行测定,检验其是否符合使用要求。
任务要求	工作人员按照相关标准完成织物耐皂洗色牢度的测试,在测试过程中学习织物耐皂洗色牢度的测试原理、试样准备、仪器操作、报告撰写等相关知识。
任务清单	一、需查阅的相关资料 1.《纺织品　色牢度试验　耐皂洗色牢度》(GB/T 3921—2008); 2.《纺织品　色牢度试验　评定变色用灰色样卡》(GB/T 250—2008); 3.《纺织品　色牢度试验　评定沾色用灰色样卡》(GB/T 251—2008)。 二、设计试验方案 根据所查阅的相关资料,按照服装织物的性质合理制定试验方案。 三、实践操作 1. 试样的准备:取样,称重; 2. 皂液的制备:按照试验方法制备皂液,皂液由 5g/L 的皂片或 5g/L 皂片和 2g/L 无水碳酸钠组成; 3. 试样的测试:根据各种产品标准选定试验方法,设定温度和时间参数,对样品进行测试并记录测试数据; 4. 结果的评定:试验结束后,用灰色样卡,对比原始试样,评定试样的变色和贴衬织物的沾色。 四、撰写试验报告 按照规范要求撰写试验报告。
工作任务考核	1. 工作任务参与情况; 2. 方案制定及执行情况; 3. 试验报告完成情况。

2. 织物耐皂洗色牢度的测定实训报告单

姓名：	专业班级：	日期：
同组人员：		

一、试验测试标准说明

二、待测织物的详细说明
　织物的类型说明：纯纺织物、混纺织物或交织品。

三、试样制备的详细说明
　根据待测织物的类型，选择贴衬织物，说明试样制备的形状和尺寸。

四、所选仪器说明
　1. 耐洗色牢度试验仪

　2. 天平

　3. 不锈钢珠

　4. 灰色样卡

五、详细试验条件及试验步骤

  1. 试样的制备(取样、贴衬织物的选择)

  2. 称重

  3. 皂液的准备

  4. 检查仪器设备,准备相关材料

  5. 根据产品标准选择试验方法进行测试

  6. 结果评定

六、试验结果及分析

  试验结束后,用灰色样卡对比原始试样,评定试样的变色和贴衬织物的沾色。变色评定用灰色样卡,沾色评定用灰色样卡。

任务三　耐光色牢度的测定

一、基础知识

    随着社会经济的快速发展,人们生活水平的不断提升,消费者对于纺织品的质量要求变得更高。在纺织品的质量评定中,色牢度是非常重要的检验检测指标,纺织品是否具备足够理想的色牢度,会对纺织品质量和使用舒适度产生重要影响。做好纺织品色牢度检验工作,充分发挥出色牢度检验的积极作用，能够显著提升纺织品的生产制造质量，还能保证消费者的使用舒适度和安全系数，提高纺织品的市场销售份额，从而带来更为丰厚的经济效益。纺织品色牢度的主要内容包括耐光色牢度、耐水色牢度、耐摩擦色牢度和耐汗渍色牢度等。本任务介绍的是耐光色牢度的测定。耐光色牢度，旧称"日晒牢度"，指纺织产品经受日晒后，保持其原来色泽的能力。由差至好，分为1～8级。在实际工作中，我们可以按照《纺织品色牢度试验　耐人造光色牢度：氙弧》（GB/T 8427—2019）标准进行纺织品耐光色牢度的测定。

二、测定原理

纺织品试样与一组蓝色羊毛标样一起在人造光源下按规定条件曝晒，然后将试样与蓝色羊毛标样进行变色对比，评定其色牢度。对于白色纺织品，通过将试样的白度变化与蓝色羊毛标样对比，评定色牢度。

三、测试设备与材料

① 氙弧灯设备（空冷式或水冷式）。试样和蓝色羊毛标样可同时在设备中曝晒，试样和蓝色羊毛标样受光面上光强度的差异不应超过10％。辐照度为42W/m^2（TUV监控点），或1.1W/（m^2·nm）（420监控点）。滤光器为Window IR。氙弧灯与试样表面和蓝色羊毛标样表面应保持相等距离。

② 遮盖物。为不透光材料，如薄铝片或用铝箔覆盖的硬卡纸，用于遮盖试样和蓝色羊毛标样的一部分。

③ 黑板温度计（BP）或黑标温度计（IBP）。

④ 辐照度仪。

⑤ 蓝色羊毛标样。两组蓝色羊毛标样均可使用。蓝色羊毛标样1～8和L2～L9是类似的，将使用不同蓝色羊毛标样获得的测试结果进行比较时，要注意到两组蓝色羊毛标样的褪色性能可能不同，因此，两组标样所得结果不可互换。欧洲研制和生产的蓝色羊毛标样编号为1～8；美国研制和生产的蓝色羊毛标样编号为L2～L9。

⑥ 湿度控制标样（红布）（耐光色牢度为5级）。

⑦ 灯箱、灰卡。

四、测试实例——耐光色牢度的测定

1. 试样准备

根据所取用设备的不同，试样的尺寸不一样。其中在空冷式设备中，如在同一块试样上进行逐段分期曝晒，通常使用的试样面积不小于45mm×10mm。每次曝晒和未曝晒面积不应小于10mm×8mm。

在水冷式设备中，试样尺寸为70mm×120mm。特别要注意的是试样的尺寸和形状应与蓝色羊毛标样相同，以免对曝晒与未曝晒部分目测评级时出现评定偏高的误差。

2. 曝晒条件

（1）欧洲曝晒条件

① 通常条件（温带）：中等有效湿度，湿度控制标样5级，最高黑标温度50℃。

② 极限条件：为了检验试样在曝晒期间对不同湿度的敏感性，可使用极限条件。

③ 低有效湿度：湿度控制标样 6～7 级；最高黑标温度 65℃。

④ 高有效湿度：湿度控制标样 3 级；最高黑标温度 45℃。

（2）美国曝晒条件

黑板温度（63±1）℃；试验箱内相对湿度（30±5）％，低有效湿度，湿度控制标样的色牢度为 6～7 级。

3. 曝晒方法与评定

测试方法对比见表 4-11。

表 4-11　测试方法对比

项目	方法 1	方法 2	方法 3	方法 4	方法 5
适用情况	本方法被认为是最精确的，在评级有争议时应予采用	适用于大量试样的同时测试	适用于核对与某种性能规格是否一致	适用于检验是否符合某一商定的参比样	适用于核对是否符合认可的辐照能值
蓝色羊毛标样的使用	一套 1～8 或 L2～L9 蓝色羊毛标样	一套 1～8 或 L2～L9 蓝色羊毛标样	允许试样只装 2 块蓝色羊毛标样一起曝晒	不使用蓝色羊毛，用参比样	可单独将试样曝晒或与蓝色羊毛一起曝晒
曝晒周期控制方式	通过检查试样的褪色程度来控制曝晒周期	通过检查蓝色羊毛标样的褪色程度来控制曝晒周期	通过检查蓝色羊毛的褪色程度来控制曝晒周期	通过检查参比样的褪色程度来控制曝晒周期	通过测定辐照能量来控制曝晒周期
遮盖物的使用	两个遮盖物	三个遮盖物	一个遮盖物	一个遮盖物	可用也可不用
曝晒周期的控制	阶段1：将遮盖物AB放在试样和蓝色羊毛标样的中段1/3处，在氙灯下曝晒，试样的曝晒和未曝晒部分的色差等于灰卡4级； 阶段2：用另一个遮盖物CD遮盖试样和蓝色羊毛标样的左侧三分之一处，继续曝晒，至试样的曝晒和未曝晒部分的色差等于灰卡3级，如果蓝色羊毛标样7或L7的褪色比试样先达到灰色样卡4级，此时曝晒即终止	初评：用遮盖物AB遮盖试样和蓝色羊毛标样总长的1/5～1/4之间，进行曝晒，当蓝色羊毛标样2的变色等于灰卡3级或L2蓝色羊毛变色等于灰卡4级时，评定试样的耐光色牢度； 阶段1：将遮盖物放回原位置，继续曝晒，至蓝色羊毛标样4或L3的变色与灰卡4级相同； 阶段2：将另一遮盖物CD，重叠盖在AB上，继续曝晒，至蓝色羊毛标样6或L4的变色等于灰卡4级； 阶段3：放上最后一个遮盖物EF，其他遮盖物仍保留在原处，继续曝晒，至蓝色羊毛标样7或L7上产生的色差等于灰卡4级或最耐光的试样上的色差等于灰卡4级	阶段1：连续曝晒，直到最低允许牢度的蓝色羊毛的分段面上等于灰卡4级的色差； 阶段2：继续曝晒，至最低允许牢度的蓝色羊毛标样的分段面上等于灰卡3级	阶段1：连续曝晒，直至参比样等于灰卡4级色差； 阶段2：继续曝晒，至参比样等于灰卡3级色差	直至达到规定辐照量为止

续表

项目	方法 1	方法 2	方法 3	方法 4	方法 5
色牢度评定	在试样的色差等于灰色样卡 3 级的基础上做出耐光色牢度级数的最后评定	在合适的照明下比较试样和蓝色羊毛标样的相应变色	对试样和蓝色羊毛标样的变色比较评级,报告为符合或不符合	对试样和参比样的变色进行比较和评级,报告符合或不符合	用 GB/T 250 变色灰卡对比或用蓝色羊毛标样对比

4. 结果处理

① 在样品或对应蓝色羊毛达到变色灰卡 3 级的基础上，做出耐光色牢度最后的评定。白色纺织品（漂白或荧光增白），在样品或对应蓝色羊毛达到变色灰卡 4 级的基础上，做出耐光色牢度最后的评定。

② 在标准光源下进行测评，如需避免光源的原因导致误评，试样应在黑暗环境下静置 24h。

5. 耐光色牢度测定的操作注意事项

① 在评定耐光色牢度前，将试样放在暗处，室温条件下平衡 24h。以防止光致变色性引起的对耐光色牢度的评价误差。

② 测定白色（漂白或荧光增白）纺织品时，将试样的白度变化与蓝色羊毛标样对比，评定色牢度。

五、任务实施

1. 工作任务单

任务名称	耐光色牢度的测定
任务来源	企业新购进一批纺织品,需对其进行检验,测定其是否符合使用要求。
任务要求	检验人员按照相关标准完成纺织品耐光色牢度的测定,在工作过程中学习耐光色牢度测定的原理、试样准备、仪器操作、报告撰写等相关知识。
任务清单	一、需查阅的相关资料 《纺织品　色牢度试验　耐人造光色牢度:氙弧》(GB/T 8427—2019)。 二、设计试验方案 根据纺织品的性质合理制定测定方案。 三、实践操作 1. 准备测定样品; 2. 对样品进行测定并记录测定数据; 3. 对测定结果进行计算。 四、撰写试验报告 按照规范要求撰写试验报告。
工作任务考核	1. 工作任务参与情况; 2. 方案制定及执行情况; 3. 试验报告完成情况。

2. 耐光色牢度测定的实训报告单

姓名：　　　　　　专业班级：　　　　　　　　日期：
同组人员：
一、试验测试标准说明
二、纺织样品的详细说明和标志
三、试样制备的详细情况
四、所选仪器说明
五、详细试验条件及试验步骤

续表

六、试验结果及分析

　1. 数据记录

样品编号	试验前照片	试验后照片	蓝色羊毛标样对照	评级
1				
2				
3				

　2. 结论

任务四　耐汗渍色牢度的测定

一、基础知识

　　人体腋窝、前胸、后背容易出汗，汗液因人而异，有酸性的，也有碱性的。纺织品长时间紧贴着皮肤与汗液接触，在这些部位容易出现褪色现象。特别是染色牢度不合格的服装，以汗液为载体，容易导致染料从纺织品转移到人体皮肤上，染料的分子和重金属离子等都有可能通过皮肤被人体吸收而危害健康。耐汗渍色牢度反映纺织品在含有组氨酸的不同试液中，在压力、温度的共同作用下，自身变色和对贴衬织物的沾色情况。在实际工作中，我们可以按照《纺织品　色牢度试验　耐汗渍色牢度》（GB/T 3922—2013）标准进行纺织品耐汗渍色牢度的测定。

二、测定原理

　　将纺织品试样与标准贴衬织物缝合在一起，置于含有组氨酸的酸性、碱性两种试液中分别处理，去除试液后，放在试验装置中的两块平板间，使之受到规定的压强，再分别干燥试样和贴衬织物。用灰色样卡或仪器评定试样的变色和贴衬织物的沾色程度。

三、测试设备与材料

　1. 试验装置

　　每组试验装置由一个不锈钢架和质量约 5kg、底部面积为 60mm×115mm 的重锤配套组成；并附有尺寸约 60mm×115mm×1.5mm 的玻璃板或丙烯酸树脂板。当 (40±2)mm×(100±2)mm 的组合试样夹于板间时，可使组合试样受 (12.5±0.9)kPa 压强。试验装置的结构应保证试验中移开重锤后，试样所受压强保持不变。

　　如果组合试样的尺寸不是 (40±2)mm×(100±2)mm，所用重锤对试样施加的名义压

强应为 (12.5±0.9)kPa。

2. 恒温箱

温度保持在 (37±2)℃

3. 碱性试液

所用试剂为化学纯，用符合《分析实验室用水规格和试验方法》（GB/T 6682—2008）的三级水配制，现配现用。每升试液含有：

L-组氨酸盐酸盐一水合物（$C_6H_9N_3O_2 \cdot HCl \cdot H_2O$）	0.5g
氯化钠（NaCl）	5.0g
磷酸氢二钠十二水合物（$Na_2HPO_4 \cdot 12H_2O$）	5.0g
或磷酸氢二钠二水合物（$Na_2HPO_4 \cdot 2H_2O$）	2.5g

用 0.1mol/L 的氢氧化钠溶液调整试液 pH 值至 8.0±0.2。

4. 酸性试液

所用试剂为化学纯，用符合 GB/T 6682—2008 的三级水配制试液，现配现用。每升试液含有：

L-组氨酸盐酸盐一水合物（$C_6H_9N_3O_2 \cdot HCl \cdot H_2O$）	0.5g
氯化钠（NaCl）	5.0g
磷酸二氢钠二水合物（$NaH_2PO_4 \cdot 2H_2O$）	2.2g

用 0.1mol/L 的氢氧化钠溶液调整试液 pH 值至 5.5±0.2。

5. 贴衬织物

见《纺织品 色牢度试验 试验通则》（GB/T 6151—2016），①和②任选其一。

① 一块多纤维贴衬，符合《纺织品 色牢度试验 标准贴衬织物 第 7 部分：多纤维》（GB/T 7568.7—2008）。

② 两块单纤维贴衬织物，符合 GB/T 7568.1～GB/T 7568.6 及《纺织品 色牢度试验 亚麻和苎麻标准贴衬织物规格》（GB/T 13765—92）。

第一块贴衬应由试样的同类纤维制成，第二块贴衬由表 4-12 规定的纤维制成。如试样为混纺或交织品，则第一块贴衬由主要含量的纤维制成，第二块贴衬由次要含量的纤维制成，或另作规定。

表 4-12 单纤维贴衬物

第一块	第二块
棉	羊毛
羊毛	棉
丝	棉
麻	羊毛
黏胶纤维	羊毛
聚酰胺纤维	羊毛或棉
聚酯纤维	羊毛或棉
聚丙烯腈纤维	羊毛或棉

四、测试实例——耐汗渍色牢度的测定

① 试样准备

对于织物，按以下方法之一制备组合试样。

a. 取（40±2）mm×（100±2）mm 试样一块，正面与一块（40±2）mm×（100±2）mm 多纤维贴衬织物相接触，沿一短边缝合；

b. 取（40±2）mm×（100±2）mm 试样一块，夹于两块（40±2）mm×（100±2）mm 单纤维贴衬织物之间，沿一短边缝合。对印花织物试验时，正面与两个贴衬织物每块的一半相接触，剪下其余一半，交叉覆于背面，缝合两个短边。如一块试样不能包含全部颜色，需取多个组合试样以包含全部颜色。

② 将一块组合试样平放在平底容器内，注入碱性试液使之完全润湿，试液 pH 值为 8.0±0.2，浴比约为 50∶1。在室温下放置 30min，不时按压和拨动，以保证试液充分且均匀地渗透到试样中。倒去残液，用两根玻璃棒夹去组合试样上过多的试液。

将组合试样放在两块玻璃板或丙烯酸树脂板之间，然后放入已预热到试验温度的试验装置中，使其所受名义压强为（12.5±0.9）kPa。

采用相同的程序将另一组合试样置于 pH 值为 5.5±0.2 的酸性试液中浸湿，然后放入另一个已预热的试验装置中进行试验。

注：每台试验装置最多可同时放置 10 块组合试样进行试验，每块试样间用一块板隔开（共 11 块）。如少于 10 个试样，仍使用 11 块板，以保持名义压强不变。

③ 把带有组合试样的试验装置放入恒温箱内，在（37±2）℃下保持 4h。根据所用试验装置类型，将组合试样呈水平状态（图 4-2）或垂直状态（图 4-3）放置。

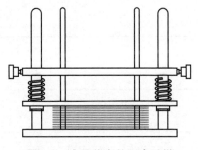
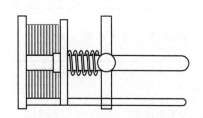

图 4-2　水平状态的组合试样　　　　图 4-3　垂直状态的组合试样

④ 取出带有组合试样的试验装置，展开每个组合试样，使试样和贴衬间仅由一条缝线连接（需要时，拆去除一短边外的所有缝线），悬挂在不超过 60℃的空气中干燥。

⑤ 结果处理

用灰色样卡或仪器评定每块试样的变色和贴衬织物的沾色。

对许多使用含铜直接染料染色的或经铜盐后处理的纤维素纤维，特定试验和自然出汗会引起铜从染色织物上转移。这可能会引起耐光、耐汗渍或耐洗涤色牢度的显著改变，建议评级时考虑到这种可能性。

⑥ 操作注意事项

a. 要保证试样彻底被试液浸透。有些试样如不加以处理，即使长时间浸入试液也难以完全浸透，遇到这种情况，需用手或平头玻璃棒充分捣按试样，也可用抽吸法使其浸透。

b. 酸、碱汗液试验应分开进行，切不可使用同一台汗渍仪，以免相互影响。

c. 试验用试液根据需要现配现用。

五、任务实施

1. 工作任务单

任务名称	耐汗渍色牢度的测定
任务来源	企业新购进一批纺织品，需对其进行检验，测定其是否符合使用要求。
任务要求	检验人员按照相关标准完成纺织品耐汗渍色牢度的测定，在工作过程中学习耐汗渍色牢度测定的原理、试样准备、仪器操作、报告撰写等相关知识。
任务清单	一、需查阅的相关资料 1.《纺织品　色牢度试验　耐汗渍色牢度》(GB/T 3922—2013)； 2.《分析实验室用水规格和试验方法》(GB/T 6682—2008)； 3.《纺织品　色牢度试验　试验通则》(GB/T 6151—2016)； 4.《纺织品　色牢度试验　标准贴衬织物　第7部分：多纤维》(GB/T 7568.7—2008)； 5.《纺织品　色牢度试验　亚麻和苎麻标准贴衬织物规格》(GB/T 13765—1992)。 二、设计试验方案 根据纺织品的性质合理制定测定方案。 三、实践操作 1. 准备测定样品； 2. 对样品进行测定并记录测定数据； 3. 对测定结果进行计算。 四、撰写试验报告 按照规范要求撰写试验报告。
工作任务考核	1. 工作任务参与情况； 2. 方案制定及执行情况； 3. 试验报告完成情况。

2. 耐汗渍色牢度测定实训报告单

姓名：　　　　　　　专业班级：　　　　　　　　　日期： 同组人员：
一、试验测试标准说明
二、纺织样品的详细说明和标志

三、试样制备的详细情况

四、所选仪器说明

五、详细试验条件及试验步骤

六、试验结果及分析

1. 数据记录

样品编号	试验前照片	试验后照片	灰色样卡评定	评级
1				
2				
3				

2. 结论

任务五　耐水色牢度的测定

一、基础知识

耐水色牢度也称水渍牢度。它是指有色织物或色纱在水中和多种纤维布一起浸泡一定时间，再在一定条件下处置后引起本身颜色变化的程度和引起多种纤维布沾色的程度。耐水色牢度有多种检测方法，检测时可根据客户要求选用检测方法。本任务我们根据《纺织品　色牢度试验　耐水色牢度》（GB/T 5713—2013）标准来进行测定。

二、测定原理

将纺织品试样与两块规定的单纤维贴衬织物或一块多纤维贴衬织物组合在一起，浸入水中，挤去水分，置于试验装置的两块平板中间，承受规定压力。分开干燥试样和贴衬织物，用灰色样卡或分光光度仪评定试样的变色和贴衬织物的沾色。

三、测试设备与材料

1. 试验装置

由一副不锈钢架（包括底座、弹簧压板）和底部面积为 $60mm \times 115mm$ 的重锤配套组成，并附有尺寸约 $60mm \times 115mm \times 1.5mm$ 的玻璃板或丙烯酸树脂板。

弹簧压板和重锤总质量约 5kg，当 $(40\pm2)mm \times (100\pm2)mm$ 的组合试样夹于板间时，可使组合试样受压 $(12.5\pm0.9)kPa$。试验装置的结构应保证试验中移开重锤后，试样所受的压强保持不变。

如果组合试样的尺寸不是 $(40\pm2)mm \times (100\pm2)mm$，所用重锤对试样施加的压力仍应使试样受压 $(12.5\pm0.9)kPa$。

可以使用能达到相同受压效果的其他装置。

2. 试剂

三级水，符合《分析实验室用水规格和试验方法》（GB/T 6682—2008）的要求。

四、测试实例——耐水色牢度的测定

1. 试样准备

（1）织物样品

对织物样品，按下述方法之一制备试样

① 取 $(40\pm2)mm \times (100\pm2)mm$ 试样一块，正面与一块 $(40\pm2)mm \times (100\pm2)mm$ 多纤维贴衬织物相接触，沿一短边缝合，形成一个组合试样。

② 取 $(40\pm2)mm \times (100\pm2)mm$ 试样一块，夹于两块 $(40\pm2)mm \times (100\pm2)mm$ 单纤维贴衬织物之间，沿一短边缝合，形成一个组合试样。

（2）纱线或散纤维样品

对纱线或散纤维样品，取纱线或散纤维的质量约等于贴衬织物总质量的一半，并按下述方法之一制备组合试样：

① 夹于一块 $(40\pm2)mm \times (100\pm2)mm$ 多纤维贴衬织物及一块 $(40\pm2)mm \times$

(100±2)mm 染不上色的织物之间沿四边缝合（见 GB/T 6151）形成一个组合试样。

② 夹于两块（40±2)mm×(100±2)mm 规定的单纤维贴衬织物之间，沿四边缝合，形成一个组合试样。

2．操作程序

在室温下，将组合试样平放在平底容器中，注入三级水，使之完全浸湿，浴比为 50：1。在室温下放置 30min。不时按压和拨动，以确保试液良好而均匀的渗透。取出试样，倒去残液，用合适的方式（如两根玻璃棒）夹去组合试样上过多的试液。

将组合试样平置于两块玻璃或丙烯酸树脂板之间，使其受压（12.5±0.9)kPa，放入已预热到试验温度的试验装置中。

注：①每台试验装置最多可同时放置 10 块组合试样进行试验，每块试样间用一块板隔开（共 11 块）。如少于 10 个试样，仍使用 11 块板，以保持压力不变。

② 把带有组合试样的试验装置放入恒温箱内在（37±2)℃下保持 4h，根据试验装置的类型使组合试样呈水平或垂直放置。

③ 展开组合试样（如需要，断开缝线，使试样和贴衬仅在一条短边处连接），发现试样有干燥的迹象应弃去并重新测试，将组合试样悬挂在不超过 60℃的空气中干燥，试样和贴衬分开，仅在缝纫线处连接。

3．结果处理

用灰色样卡或分光光度仪评定试样的变色和贴衬织物的沾色。

4．操作注意事项

① 余液中含有残留染料会使贴衬织物的沾色加重而影响试验结果。因此，检测结束后，应注意充分清洗试样。

② 如不连续试验，应排尽机内水，切断总电源。

五、任务实施

1．工作任务单

任务名称	耐水色牢度的测定
任务来源	企业新购进一批纺织品，需对其进行检验，测定其是否符合使用要求。
任务要求	检验人员按照相关标准完成纺织品耐水色牢度的测定，在工作过程中学习耐水洗色牢度测定的原理、试样准备、仪器操作、报告撰写等相关知识。
任务清单	一、需查阅的相关资料 《纺织品 色牢度试验 耐水色牢度》(GB/T 5713—2013)。 二、设计试验方案 根据纺织品的性质合理制定测定方案。 三、实践操作 1. 准备测定样品； 2. 对样品进行测定并记录测定数据； 3. 对测定结果进行计算。 四、撰写试验报告 按照规范要求撰写试验报告。

工作任务考核	1. 工作任务参与情况； 2. 方案制定及执行情况； 3. 试验报告完成情况。

2. 耐水色牢度测定的实训报告单

姓名： 专业班级： 日期：
同组人员：
一、试验测试标准说明
二、纺织样品的详细说明和标志
三、试样制备的详细情况
四、所选仪器说明
五、详细试验条件及试验步骤

续表

六、试验结果及分析

　1. 数据记录

样品编号	试验前照片	试验后照片	灰色样卡评定	评级
1				
2				
3				

　2. 结论

项目四　服装材料生态指标检测

 学习目标

知识目标

1. 了解服装材料生态指标检测的相关指标。

2. 了解服装材料 pH 值、甲醛、重金属、禁用偶氮染料、有机氯载体等测试项目所使用仪器的基本结构。

3. 掌握服装材料 pH 值、甲醛、重金属、禁用偶氮染料、有机氯载体等测试项目的测试原理、测试步骤。

4. 理解服装材料生态指标测试结果的影响因素。

能力目标

1. 会根据相关检测国家标准、国际标准合理制定检测方案。

2. 会操作水浴恒温振荡器、超声波清洗器、pH 计、紫外-可见分光光度计、电感耦合等离子体原子发射光谱仪、气相色谱-质谱联用仪等设备。

3. 会填写测试报告，并对测试结果进行正确判断。

素质目标

1. 增强学生的责任担当，激发学生奋发图强的意志。

2. 引导学生树立绿色环保、可持续发展理念，树立质量意识、信誉意识。

　　服装材料是指构成服装的一切材料，它可分为服装面料和服装辅料。中国是服装生产和出口的大国，中国服装行业经过多年的发展，竞争优势十分明显，具备世界上最完整的产业链，最高的加工配套水平。

纺织品是服装材料的主要原料,所以服装质量的好坏绝大部分取决于所用原材料——纺织品质量的好坏。有毒有害物质分析检验是评定纺织品的质量指标之一。

纺织品中有害物质主要来源于两方面:一是纺织原料在种植过程中,为控制病虫害使用的杀虫剂、化肥、除草剂等,这些有毒有害物质残留在纺织品上,会引起皮肤过敏、呼吸道疾病或其他中毒反应,甚至诱发癌症;二是在纺织品加工制造和后期的印染、整理过程中,使用的各种染料、氧化剂、催化剂、阻燃剂、增白荧光剂、树脂整理剂等多种化学物质,这些有害物质会残留在纺织品上,使纺织品及服装再度蒙受污染。本项目主要以纺织品为主体材料,讲解常见的有毒有害物质检测项目,包括 pH 值的测定、甲醛含量的测定、重金属含量的测定、禁用偶氮染料含量的测定、有机氯载体量的测定等五个任务点。

任务一　服装材料 pH 值的测定

一、基础知识

pH 值是纺织品非常重要的质量指标,也是《国家纺织品基本安全技术规范》(GB 18401—2010)的强制执行指标。pH 值不合格是纺织品加工生产贸易过程中最常见的一种质量问题,已经越来越引起人们的广泛关注。

在实际工作中,我们需要按照以下标准来开展制样和测试工作。它们分别是:《纺织品　水萃取液 pH 值的测定》(GB/T 7573—2009);《纺织品　水萃取液 pH 值的测定》(ISO 3071:2005)。

二、测定原理

室温下,用带有玻璃电极的 pH 计测定纺织品水萃取液的 pH 值。

三、测试设备和试剂

1. 机械振荡器:能进行旋转或往复运动以保证样品内部与萃取液之间进行充分的液体交换,往复式速率至少为 60 次/min,旋转式速率至少为 30r/min。

2. pH 计:配备玻璃电极,测量精度至少精确到 0.1。

3. 具塞锥形瓶:250mL。

4. 分析天平:精确到 0.01g。

5. 烧杯:250mL。

6. 蒸馏水或去离子水:至少满足 GB/T 6682 三级水的要求,pH 值在 5.0~7.5 之间,第一次使用前应检验水的 pH 值。

7. 氯化钾溶液:0.1mol/L,用蒸馏水或去离子水配制。

8. 缓冲溶液:用于测定前校准 pH 计,推荐使用的缓冲溶液 pH 值应在 4、7、9 左右。

四、测试步骤

1. 试样准备

从批量大样中选取有代表性的实验室样品,将样品剪成约 5mm×5mm 的碎片,以便样品能够迅速润湿。

　　避免污染和用手直接接触样品。每个测试样品准备 3 个平行样，每个称取（2.00±0.05)g。

　　2. 测试过程

　　① 在室温下制备三个平行样的萃取液。在具塞锥形瓶中加入一份试样和 100mL 水或氯化钾溶液，盖紧瓶塞，充分摇动片刻，使样品完全湿润，将锥形瓶置于机械振荡器上振荡（120±5)min。记录萃取液的温度。

　　② 在萃取液温度下用两种或三种缓冲溶液校准 pH 计。

　　③ 把玻璃电极浸没到同一萃取液（水或氯化钾溶液）中数次，直到 pH 计示值稳定。将第一份萃取液倒入烧杯，迅速把电极浸没到液面下至少 10mm 的深度，用玻璃棒轻轻地搅拌溶液直到 pH 计示值稳定（本次测定值不记录）。将第二份萃取液倒入另一个烧杯，迅速把电极（不清洗）浸没到液面下至少 10mm 的深度，静置直到 pH 计示值稳定并记录。

　　④ 取第三份萃取液，迅速把电极（不清洗）浸没到液面下至少 10mm 的深度，静置直到 pH 示值稳定并记录。

　　⑤ 记录第二份萃取液和第三份萃取液的 pH 值作为测量值。

　　3. 结果处理

　　如果两个 pH 测量值之间差异（精确到 0.1）大于 0.2，则另取其他试样重新测试，直到得到两个有效的测量值，计算其平均值，结果保留一位小数。

　　4. 操作注意事项

　　① 室温一般控制在 10 ～30℃范围内。

　　② 如果两个 pH 测量值之间差异（精确到 0.1）大于 0.2，则另取其他试样重新测试，直到得到两个有效的测量值，计算其平均值，结果保留一位小数。

五、任务实施

　　1. 工作任务单

任务名称	服装材料 pH 值的测定
任务来源	企业新购进一批服装,需对其进行检验,测定其是否符合使用要求。
任务要求	检验人员按照相关标准完成纺织品 pH 值的测定,在工作过程中学习 pH 测定的原理、试样准备、试验操作、仪器检测、报告撰写等相关知识。
任务清单	一、需查阅的相关资料 1.《纺织品　水萃取液 pH 值的测定》(GB/T 7573—2009) 2.《纺织品　水萃取液 pH 值的测定》(ISO 3071：2005) 二、设计试验方案 根据纺织品的性质合理制定测定方案。 三、实践操作 1. 准备测定样品; 2. 对样品进行测定并记录测定数据; 3. 对测定结果进行计算。 四、撰写试验报告 按照规范要求撰写试验报告。

工作任务考核	1. 工作任务参与情况； 2. 方案制定及执行情况； 3. 试验报告完成情况。

2. 服装材料 pH 值的测定实训报告单

姓名：	专业班级：	日期：
同组人员：		

一、试验测试标准说明

二、试样制备的详细情况

三、所选仪器及试剂说明

四、详细试验步骤

五、数据记录

序号	编号	质量/g	萃取体积/mL	第二份萃取液 pH 值	第三份萃取液 pH 值	pH 值
1						
2						
3						
4						
5						
6						

六、试验结果及分析

任务二　服装材料甲醛含量的测定

一、基础知识

甲醛具有阻止织物收缩并使产品抗皱、平整干燥、抗静电及保证成品色牢度等作用。纺织品中游离甲醛主要来源于防腐剂、硬挺剂、树脂整理剂等。

在实际工作中，我们需要按照以下标准来开展制样和测试工作。它们分别是：《纺织品　甲醛的测定　第 1 部分：游离和水解的甲醛（水萃取法）》（GB/T 2912.1—2009）；《纺织品　甲醛的测定　第 1 部分：游离和水解的甲醛（水萃取法）》（ISO 14184-1：2011）。

二、测定原理

试样在 40℃的水浴中萃取一定时间，萃取液用乙酰丙酮显色后，在 412nm 波长下，用分光光度计测定显色液中甲醛的吸光度，对照标准甲醛工作曲线，计算出样品中游离甲醛的含量。

三、测试设备和试剂

① 恒温水浴锅：（40±2）℃。

② 分光光度计：只要不影响检测结果，可根据实际情况进行更改；比色皿 1cm；检测波长 412nm；仪器用纯水调零。

③ 分析天平：精确到 0.1mg。

④ 具塞锥形瓶：250mL。

⑤ 具塞比色管：10mL。

⑥ 乙酰丙酮试剂（纳氏试剂）：在 1000mL 容量瓶中加入 150g 乙酸钠，用 800mL 水溶解，然后加 3mL 冰乙酸和 2mL 乙酰丙酮，用水稀释至刻度，用棕色瓶储存。

⑦ 甲醛标准溶液。

⑧ 双甲酮的乙醇溶液：1g 双甲酮（二甲基-二羟基-间苯二酚或 5,5-二甲基环己烷-1,3-二酮）用乙醇溶解并稀释至 100mL，现用现配。

四、测试步骤

1. 试样准备

样品不进行预调湿，预调湿可能影响样品中的甲醛含量。测试前样品应密封保存。

2. 实验过程

将 1g 试样放入 250mL 具塞锥形瓶中，加入 100mL 水，盖紧盖子，放入（40±2）℃水浴中振荡（60±5）min，用过滤器过滤至另一个锥形瓶中，供分析使用。

吸取 5mL 过滤后的样品溶液放入比色管，加 5mL 乙酰丙酮试剂，摇动。

首先把比色管放在（40±2）℃水浴中显色（30±5）min，然后取出，常温下避光冷却（30±5）min，用 5mL 蒸馏水加等体积的乙酰丙酮作空白对照，用 10mm 的吸收池在分光光度计 412nm 波长处测定吸光度。

3. 甲醛标准溶液的配制和标准曲线的绘制

分别移取系列标准溶液 0mL、0.1mL、0.6mL、1.0mL、2.0mL 的 10mg/L 甲醛工作液于 5 个 10mL 具塞比色管中（分别相当于浓度为 0mg/L、0.1mg/L、0.6mg/L、1.0mg/L、2.0mg/L）加入 5mL 乙酰丙酮试剂，用水定容到 10mL，摇匀，置于（40±2）℃的恒温水浴振荡器中显色（30±5）min。静置冷却（30±5）min 后用分光光度计测量。

4. 结果处理

计算样品的浓度的公式：

$$A = A_s - A_b - A_d \tag{4-16}$$

式中　A——校正吸光度；

A_s——试验样品中测得的吸光度；

A_b——空白试剂中测得的吸光度；

A_d——空白样品中测得的吸光度（仅用于有变色或沾污的情况下）。

用校正后的吸光度数值，通过工作曲线查出甲醛含量，用 mg/L 表示。

用下式计算从每一个样品中萃取的甲醛量：

$$F = \frac{c \times 100}{m} \tag{4-17}$$

式中　　F——从织物样品中萃取的甲醛含量，mg/kg；

　　　　c——读自工作曲线上的萃取液中的甲醛浓度，mg/L；

　　　　m——试样的质量，g。

取两次检测结果的平均值作为试验结果，计算结果修约至整数位。如果结果小于 20mg/kg，试验结果报告"未检出"。

5. 操作注意事项

① 结果超过 500mg/kg 时，稀释萃取液使其吸光度在工作曲线的范围内。

② 如果怀疑吸光值不是来自甲醛而是由样品溶液的颜色产生的，可用双甲酮进行确认试验。

五、任务实施

1. 工作任务单

任务名称	服装材料甲醛含量的测定
任务来源	企业新购进一批服装,需对其进行检验,测定其是否符合使用要求。
任务要求	检验人员按照相关标准完成纺织品中甲醛含量的测定,在工作过程中学习甲醛测定的原理、试样准备、试验操作、仪器检测、报告撰写等相关知识。
任务清单	一、需查阅的相关资料 1.《纺织品　甲醛的测定　第 1 部分:游离和水解的甲醛(水萃取法)》(GB/T 2912.1—2009); 2.《纺织品　甲醛的测定　第 1 部分:游离和水解的甲醛(水萃取法)》(ISO 14184-1:2011)。 二、设计试验方案 根据纺织品的性质合理制定测定方案。 三、实践操作 1. 准备测定样品; 2. 对样品进行测定并记录测定数据; 3. 对测定结果进行计算。 四、撰写试验报告 按照规范要求撰写试验报告。
工作任务考核	1. 工作任务参与情况; 2. 方案制定及执行情况; 3. 试验报告完成情况。

2. 服装材料甲醛含量的测定实训报告单

姓名：　　　　　专业班级：　　　　　　　　　日期：
同组人员：
一、试验测试标准说明

二、试样制备的详细情况

三、所选仪器及试剂说明

四、详细试验步骤

五、数据记录

萃取温度＿＿＿＿℃,时间＿＿＿＿min。

序号	编号	质量/g	萃取体积/mL	含量/(mg/kg)
1				
2				
3				
4				
5				
6				

六、试验结果及分析

　　校准曲线方程及 R^2：$y=$ ＿＿＿＿＿＿＿＿＿＿＿＿＿＿＿＿＿＿＿＿＿＿＿，$R^2=$ ＿＿＿＿＿＿＿＿。

　　校准曲线方程及 R^2：$y=$ ＿＿＿＿＿＿＿＿＿＿＿＿＿＿＿＿＿＿＿＿＿＿＿，$R^2=$ ＿＿＿＿＿＿＿＿。

任务三　服装材料重金属含量的测定

一、基础知识

　　少量重金属来源于纺织纤维原料的种植和制造，在天然纤维生长过程中从自然界中吸收富集。大部分重金属污染源于纺织品后加工以及纺织品生产过程中的交叉污染，尤其是染整过程中重金属络合染料和化学助剂的使用。纺织品中可残留的重金属有镍、铅、汞、砷等10种。过量的重金属被人体吸收后会累积于人体中，可能会对人体健康带来影响。

　　在实际工作中，我们需要按照以下标准来开展制样和测试工作。它们分别是：《纺织品　重金属的测定　第 2 部分：电感耦合等离子体原子发射光谱法》（GB/T 17593.2—2007）；《纺织品　重金属检测　第 2 部分：酸性人造汗液萃取金属的测定》（DIN EN 16711-2：2016）。

二、测定原理

　　试样经酸性汗液萃取，用电感耦合等离子体原子发射光谱仪（ICP-OES）在相应的分析波长下测定萃取溶液中镉、铜、镍、钴、铬、锑、铅七种重金属元素的发射强度，对照标准工作曲线确定各重金属离子的浓度，计算出试样中可萃取重金属的含量。

三、测试设备和试剂

　　① 电感耦合等离子体原子发射光谱仪；

　　② 恒温水浴振荡器：（37±2）℃，振荡频率为 60 次/min；

　　③ 具塞锥形瓶：150mL；

　　④ 分析天平：精确到 0.01g；

　　⑤ 镉、铜、镍、钴、铬、锑、铅标准溶液：1000mg/L；

　　⑥ 酸性汗液：现配现用。

1000mL 水中：

L-组氨酸盐酸盐一水合物 　　　　　　 0.5g

氯化钠 　　　　　　 5.0g

磷酸二氢钠二水合物 　　　　　　 2.2g

用 0.1mol/L 氢氧化钠溶液调节试液 pH 值至 5.5±0.1。

四、测试步骤

1. 试样准备

将样品剪碎至 5mm×5mm 以下，混匀，备用。

2. 测试过程

称取样品 $m=2.0g$ 试样（精确至 0.01g），至具塞锥形瓶中，加入 40mL 酸性汗液，盖上瓶塞，用力振摇使样品充分浸润，置于 37℃ 恒温水浴振荡器中，转速为 60r/min，避光振摇 60min。静置冷却至室温，过滤后作为样液供 ICP-OES 分析用。

3. 标准工作溶液的配制

工作液根据需要逐级稀释，用 5% HNO_3 溶液定容至刻度，摇匀，备用。例如：0.05mg/L、0.10mg/L、0.20mg/L、0.30mg/L、0.40mg/L、0.50mg/L（其中锑、铅浓度为 0.30mg/L、0.60mg/L、1.20mg/L、1.80mg/L、2.40mg/L、3.00mg/L）。

4. 结果处理

计算样品浓度的公式如下：

$$\omega = \frac{(C_1 - C_0)V}{m} \tag{4-18}$$

式中　ω——试样中可萃取重金属的含量，mg/kg；

　C_1——样液中可萃取重金属的浓度，mg/L；

　C_0——空白萃取液中可萃取重金属的浓度，mg/L；

　V——萃取液体积，mL；

　m——样品质量，g。

5. 操作注意事项

① 元素检测前需进行光谱校准；

② 酸性汗液配制时，NaOH 溶液应逐滴滴加。

五、任务实施

1. 工作任务单

任务名称	服装材料重金属含量的测定
任务来源	企业新购进一批服装，需对其进行检验，测定其是否符合使用要求。
任务要求	检验人员按照相关标准完成纺织品中重金属含量的测定，在工作过程中学习重金属测定的原理、试样准备、试验操作、仪器检测、报告撰写等相关知识。
任务清单	一、需查阅的相关资料 1.《纺织品　重金属的测定　第 2 部分：电感耦合等离子体原子发射光谱法》（GB/T 17593.2—2007）；

任务清单	2.《纺织品 重金属检测 第2部分：酸性人造汗液萃取金属的测定》(DIN EN 16711-2：2016)。 二、设计试验方案 根据纺织品的性质合理制定测定方案。 三、实践操作 1. 准备测定样品； 2. 对样品进行测定并记录测定数据； 3. 对测定结果进行计算。 四、撰写试验报告 按照规范要求撰写试验报告。
工作任务考核	1. 工作任务参与情况； 2. 方案制定及执行情况； 3. 试验报告完成情况。

2. 服装材料重金属含量的测定实训报告单

姓名：	专业班级：	日期：
同组人员：		

一、试验测试标准说明

二、试样制备的详细情况

三、所选仪器及试剂说明

四、详细试验步骤

五、数据记录

萃取温度_____℃,时间_____min。

序号	编号	质量/g	萃取体积/mL	含量/(mg/kg)
1				
2				
3				

六、试验结果及分析

任务四　服装材料禁用偶氮染料含量的测定

一、基础知识

偶氮染料是纺织品服装在印染工艺中应用最广泛的一类合成染料，用于多种天然和合成纤维的染色和印花，也用于油漆、塑料、橡胶等的着色。禁用偶氮染料是指在还原条件下会分解成致癌芳香胺类化合物的偶氮染料。只有当样品中禁用芳香胺的含量大于 30mg/kg 时才认为该样品使用了禁用偶氮染料。

在实际工作中，我们需要按照以下标准来开展制样和测试工作。它们分别是：《纺织品　禁用偶氮染料的测定》（GB/T 17592—2011）；《纺织品　源于偶氮着色剂的某些芳香胺的测定方法　第 1 部分：通过或未经萃取纤维获得某些偶氮着色剂的使用检测》（ISO 14362—1：2017）。

二、测定原理

纺织样品在柠檬酸盐缓冲溶液介质中用连二亚硫酸钠还原分解以产生可能存在的致癌芳香胺，用适当的液－液分配柱提取溶液中的芳香胺，浓缩后，用合适的有机溶剂定容，用配有质量选择检测器的气相色谱仪（GC/MSD）进行测定。必要时，选用另外一种或多种方法对异构体进行确认。用配有二极管阵列检测器的高效液相色谱仪（HPLC/DAD）或气相色谱/质谱仪进行定量。

三、测试设备和试剂

① 恒温水浴锅：能控制温度（70±2）℃；

② 提取柱；

③ 真空旋转蒸发器；

④ 高效液相色谱仪：配有二极管阵列检测器（DAD）；

⑤ 气相色谱仪：配有质量选择检测器（MSD）；

⑥ 电子天平：可精确称量至 0.01g；

⑦ 棕色反应瓶：40mL；

⑧ 乙醚；

⑨ 0.06mol/L 柠檬酸/氢氧化钠缓冲溶液：称取 25.052g 柠檬酸和 13.17g 氢氧化钠放入 1L 烧杯中，用水完全溶解并转移到 2L 容量瓶后定容至刻度，其理论 pH＝6，配制好后应检查 pH 值是否与理论相符。

⑩ 200mg/mL 连二亚硫酸钠溶液：新鲜配制，称取纯度≥88％的国产连二亚硫酸钠 5.681g，放入 25mL 的棕色容量瓶中，用少量水完全溶解后再定容到刻度，密封放置。

⑪ 芳香胺标准工作溶液（30mg/L）：从标准储备溶液（1000mg/L）中取 0.30mL 置于容量瓶中，用甲醇或其他合适溶剂定容至 10mL。

⑫ 内标溶液（10mg/L）：用合适溶剂将下列内标化合物配制成浓度约为 10mg/L 的溶液。

蒽-d10　CAS 编号：1719-06-8。

四、测试步骤

1. 试样准备

材料剪碎后混合（剪成 5mm×5mm 或以下面积）。

2. 测试过程

从混合样中称取 1.0g，精确至 0.01g，置于反应器中，加入预热到（70±2）℃的柠檬酸盐缓冲溶液 17mL，将反应器密闭，用力振摇，使所有试样浸于液体中，置于恒温（70±2）℃的水浴中保温 30min，使所有的试样充分润湿。然后，打开反应器，加入 3.0mL 连二亚硫酸钠溶液，并立即密闭振摇，将反应器置于（70±2）℃水浴中保温 30min，取出后 2min 内冷却到室温。用玻璃棒挤压反应器中的试样，将反应液全部倒入提取柱内，任其吸附 15min，用 4×20mL 乙醚分四次洗提反应器中的试样，每次需混合乙醚和试样，然后将乙醚洗液滤入提取柱中，控制流速，收集乙醚提取液于圆底烧瓶中。将上述收集的盛有乙醚提取液的圆底烧瓶置于真空旋转蒸发器上，于 35℃ 左右的温度低真空下浓缩至近 1mL，再用氩气流驱除乙醚溶液，使其浓缩至近干，后用 GC/MSD 测定。

3. 标准工作溶液的配制

用于定量的校正液：将胺的储备液稀释成一系列的浓度，加入蒽-d10 作为内标（最终浓度为 10mg/L），浓度范围为 2～20mg/L。例如：2mg/L、4mg/L、10mg/L、20mg/L。

4. 结果处理

实际样品中芳香胺的含量 c_x（mg/kg）按式（4-19）计算。

$$c_x = \frac{c_1 V}{m} \qquad (4\text{-}19)$$

式中　c_x——样品中芳香胺含量，mg/kg；

　　　c_1——样液中芳香胺的质量浓度，mg/L；

　　　V——定容体积，1mL；

　　　m——样品的质量，g。

5. 操作注意事项

① 胺应通过至少两种色谱分离方法确认，以避免因干扰物质产生的误解和不正确的表述。

② 胺的定量通过具有二极管阵列检测器的高效液相色谱（HPLC/DAD）来完成。

五、任务实施

1. 工作任务单

任务名称	服装材料禁用偶氮染料含量的测定
任务来源	企业新购进一批服装，需对其进行检验，测定其是否符合使用要求。
任务要求	检验人员按照相关标准完成纺织品中禁用偶氮染料含量的测定，在工作过程中学习禁用偶氮染料测定的原理、试样准备、试验操作、仪器检测、报告撰写等相关知识。
任务清单	一、需查阅的相关资料 1.《纺织品　禁用偶氮染料的测定》(GB/T 17592—2011)； 2.《纺织品　源于偶氮着色剂的某些芳香胺的测定方法　第 1 部分:通过或未经萃取纤维获得某些偶氮着色剂的使用检测》(ISO 14362-1:2017)。 二、设计试验方案 根据纺织品的性质合理制定测定方案。 三、实践操作 1. 准备测定样品； 2. 对样品进行测定并记录测定数据； 3. 对测定结果进行计算。 四、撰写试验报告 按照规范要求撰写试验报告。
工作任务考核	1. 工作任务参与情况； 2. 方案制定及执行情况； 3. 试验报告完成情况。

2. 服装材料禁用偶氮染料含量的测定实训报告单

姓名： 专业班级： 日期：
同组人员：

一、试验测试标准说明

二、试样制备的详细情况

三、所选仪器及试剂说明

四、详细试验步骤

五、数据记录

还原裂解：萃取温度_____℃,时间_____min;

萃取温度_____℃,时间_____min。

序号	编号	质量/g	总含量/(mg/kg)
1			
2			

续表

序号	编号	质量/g	总含量/(mg/kg)
3			
4			
5			
6			

六、试验结果及分析

样品_____,含有目标物_____,含量为_____mg/kg。

样品_____,含有目标物_____,含量为_____mg/kg。

样品_____,含有目标物_____,含量为_____mg/kg。

任务五　服装材料有机氯载体含量的测定

一、基础知识

载体染色是纺织品行业中常用的染色工艺,有机氯化合物,如三氯苯、二氯甲苯都是高效的染色载体。在染色过程中加入这些载体,可使纤维结构膨化,有利于染料的渗透,具有较理想的使用性能,因此在纺织品服装行业应用普遍。有机氯载体会影响人的中枢神经系统,也可能存在致癌和致畸风险,是生态纺织品的检验指标之一。

在实际工作中,我们需要按照以下标准来开展制样和测试工作:《纺织品　氯化苯和氯化甲苯类化合物的测定》(GB/T 20384—2024)。

二、测定原理

粉碎的样品放在密闭容器中,用二氯甲烷在超声波中提取。提取物的释放与样品颗粒有关。过滤,气相色谱仪检测。

三、测试设备和试剂

① 气相色谱仪(GC/MSD):配有质量选择检测器。

② 超声波发生器:工作频率 40 kHz。

③ 分析天平:精度 0.1mg。

④ 样品处理瓶：40mL。

⑤ 二氯甲烷；

⑥ 22 种氯化苯/氯化甲苯混标：1000mg/L。

四、测试步骤

1. 试样准备

必须确保不同组分的比例。不同颜色的纺织品按比例取样。将样品用剪刀剪成具有 5mm 边缘长度的正方形片。

2. 测试过程

2g 剪碎的样品，称量准确至 0.01g，加入 10mL 二氯甲烷，将样品放在超声波中提取 20min，0.45μm 聚四氟乙烯滤膜过滤，上机测试。

3. 标准工作溶液的配制

将目标物母液逐级稀释成 0.1mg/L、0.3mg/L、1mg/L、3mg/L、10mg/L，用带 PTFE 材料盖子的棕色小瓶封存。

4. 结果处理

计算样品的浓度的公式

$$c = \frac{(c_s - c_0)VF}{m} \tag{4-20}$$

式中　c——试样中有机氯载体含量，mg/kg；

　　　c_s——样品萃取液中有机氯载体的浓度，mg/L；

　　　c_0——空白样品萃取液中有机氯载体的浓度，mg/L；

　　　m——最终样液所代表的试样量，g；

　　　V——最终定容体积，mL；

　　　F——稀释因子。

5. 操作注意事项

室温超声萃取，注意密封。

五、任务实施

1. 工作任务单

任务名称	服装材料有机氯载体含量的测定
任务来源	企业新购进一批服装，需对其进行检验，测定其是否符合使用要求。
任务要求	检验人员按照相关标准完成纺织品中有机氯载体的测定，在工作过程中学习有机氯载体测定的原理、试样准备、试验操作、仪器检测、报告撰写等相关知识。
任务清单	一、需查阅的相关资料 《纺织品　氯化苯和氯化甲苯残留量的测定》(GB/T 20384—2024)。 二、设计试验方案 根据纺织品的性质合理制定测定方案。 三、实践操作 1. 准备测定样品； 2. 对样品进行测定并记录测定数据；

续表

任务清单	3. 对测定结果进行计算。 四、撰写试验报告 按照规范要求撰写试验报告。
工作任务考核	1. 工作任务参与情况； 2. 方案制定及执行情况； 3. 试验报告完成情况。

2. 服装材料有机氯载体含量的测定实训报告单

姓名：　　　　　专业班级：　　　　　日期： 同组人员：	
一、试验测试标准说明	
二、试样制备的详细情况	
三、所选仪器及试剂说明	
四、详细试验步骤	

五、数据记录

萃取温度_____℃,时间_____min。

序号	编号	质量/g	萃取体积/mL	含量/(mg/kg)
1				
2				
3				
4				
5				
6				

六、试验结果及分析

校准曲线方程及 R^2：$y=$ _____ ，$R^2=$ _____。

附录　微课视频二维码资源

模块一任务一
标准及标准分类

模块一任务二
质量检验和
抽样方法

模块一任务三
试样准备和
测试环境

模块一任务四
测试数据的处理

模块二项目一
任务二皮革厚度的
测定

模块二项目一
任务三皮革抗张
强度的测定

模块二项目一
任务四皮革伸长率的
测定

模块二项目一
任务五皮革耐折
牢度的测定

模块二项目一
任务六皮革耐磨
性能试验

模块二项目二
任务一六价铬含量的
检测

模块二项目二
任务二甲醛含量的
测定

模块二项目二
任务三禁用偶氮
染料含量的检测

模块二项目二
任务四五氯苯酚
含量的检测

模块二项目二
任务五二甲基甲
酰胺含量的检测

模块三项目一
任务一微孔
材料视密度

模块三项目一
任务二微孔
材料硬度

模块三项目一
任务三微孔
材料压缩变形

模块三项目二
任务一未硫化橡胶门
尼黏度的测定

模块三项目二
任务二硫化橡胶
密度的测定

模块三项目二
任务三硫化橡
胶硬度的测定

模块三项目二任务四
硫化橡胶和热塑性橡胶
拉伸性能的测定

模块三项目二任务五
硫化橡胶耐磨性能的
测定（阿克隆磨耗法）

模块三项目二任务六
硫化橡胶耐磨性能的
测定（DIN耐磨试验法）

模块三项目二
任务七橡胶热
空气老化试验

模块四项目一
任务一纤维原料的
定性鉴别

模块四项目一
任务二纤维原料的
定量分析

模块四项目二
任务一拉伸断裂
强力的测定

模块四项目二
任务二撕破性能的
测定

模块四项目二
任务三耐磨性的
测定

模块四项目三
任务一耐摩擦色
牢度的检测

模块四项目三
任务二耐皂洗色
牢度的检测

模块四项目三
任务三耐光色
牢度的检测

模块四项目三
任务四耐汗渍色
牢度的测定

模块四项目三
任务五耐洗色
牢度的检测

模块四项目四
任务一 pH 的
检测

模块四项目四
任务二甲醛含量的
检测

模块四项目四
任务三重金属
含量的检测

模块四项目四
任务四禁用偶氮
染料的检测

模块四项目四
任务五有机氢
载体的检测

参考文献

[1]　王宁，林先凯，叶正茂，等 . 我国鞋类标准体系现状及问题分析 [J] . 西部皮革，2018，40（7）：36-38.

[2]　韩倩 . 我国纺织标准与检测服务能力现状分析 [J] . 纺织检测与标准，2019，5（6）：1-4.

[3]　金国强，傅瑜，章立新 . 中美纺织产业标准、检验检测及认证方面的研究与比较 [J] . 纺织导报，2019，913（12）：86-88.

[4]　雷明智 . 鞋类质量分析与检测 [M] . 北京：中国轻工业出版社，2014.

[5]　叶永和 . 鞋类产品质量检测技术 [M] . 北京：中国质检出版社，2015.

[6]　陈东生 . 服装材料检测与设备 [M] . 北京：中国纺织出版社，2016.

[7]　耿琴玉，瞿才新 . 纺织材料检测 [M] . 上海：东华大学出版社，2013.

[8]　李南 . 纺织品检测实训 [M] . 北京：中国纺织出版社，2010.

[9]　程朋朋 . 纺织服装产品检验检测实务 [M] . 北京：中国纺织出版社，2019.

[10]　奚柏君 . 纺织服装材料试验教程 [M] . 北京：中国纺织出版社，2019.

[11]　高炜斌 . 高分子材料分析与测试 [M] . 4 版 . 北京：化学工业出版社，2022.

[12]　翁国文，刘琼琼 . 橡胶物理机械性能测试 [M] . 北京：化学工业出版社，2017.

[13]　卢行芳 . 鞋材与应用 [M] . 北京：中国轻工业出版社，2020.

[14]　胡苹，王开明，黄嘉隆，等 . 气相色谱-质谱法同时测定纺织品中 28 种有机氯载体 [J] . 印染助剂，2021，38（5）：60-64.